もくじ

学校図書版　理科３年

JN062169

第１章　力のつり合い

①水圧
水中ではたらく圧力。水の重さによって生じる。
②垂直
水中の物体の面に対してはたらく水圧の向き。

ポイント
水中に深く沈めるほど，ゴム膜のへこみ方が大きくなる。

③浮力
水中にある物体が水から受ける上向きの力。
④体積
物体にはたらく浮力の大きさに関係することがら。

ミス注意！
重力は，物体に対してはたらく下向きの力，浮力は，水中の物体に対してはたらく上向きの力。

テストに出る！ ココが要点　解答 p.1

① 水中の物体にはたらく力

教 p.15～p.21

1 水圧（すいあつ）

(1) (① 　　　　) 水中で水の重さによって生じる圧力。

(2) 水圧の向き　水圧は，水中にあるすべての物体のあらゆる向きの面に対して，(② 　　　　)にはたらく。

図１ 水中で生じる力

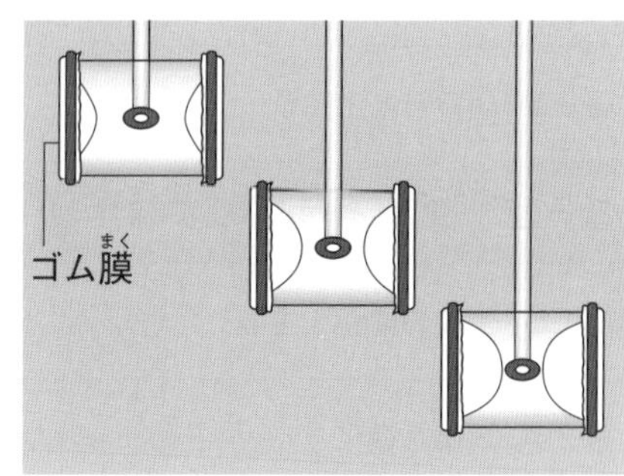

(3) 水圧の大きさ　水圧は，水の深さが深いほど大きくなる。

2 浮力（ふりょく）

(1) (③ 　　　　) 水中にある物体が水から受ける上向きの力。水中の物体の上面と下面にはたらく水圧の差によって生じる。

(2) 浮力の大きさ　物体の水に沈んでいる(④ 　　　　)が大きいほど浮力は大きくなる。物体の重さには関係しない。また，物体全体が水中にあるとき，物体がある水の深さには関係がない。

図２ 水圧と浮力

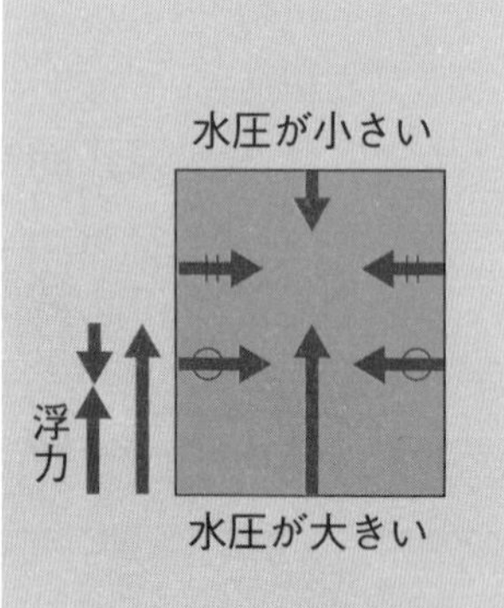

物体の側面にはたらく水圧は反対向きで大きさが(㋐ 　　　　)のでたがいに打ち消し合う。

物体の下面にはたらく水圧と上面にはたらく水圧の差が(㋑ 　　　　)になる。

(3) 浮力と重力　水中にある物体にはたらく浮力と重力の大きさによって物体が水に浮くか沈むかが決まる。

- 重力よりも浮力が大きい場合，その物体は浮かび上がる。
- 重力よりも浮力が小さい場合，その物体は沈んでいく。

ココが要点の答えになります。

② 力の合成・分解

教 p.22～p.28

1 力の合成(ごうせい)と分解

(1) 2力の合成　1つの物体が受ける2力を，同じはたらきをする1つの力におきかえることを(⑤　　　　)といい，おきかえられた力を(⑥　　　　)という。

(2) 一直線上にある2力の合成

- 2力の向きが同じ場合，合力(ごうりょく)の大きさは2力の<u>和</u>になる。
- 2力の向きが反対の場合，合力の大きさは2力の<u>差</u>になる。

(3) 一直線上にない2力の合成

図3

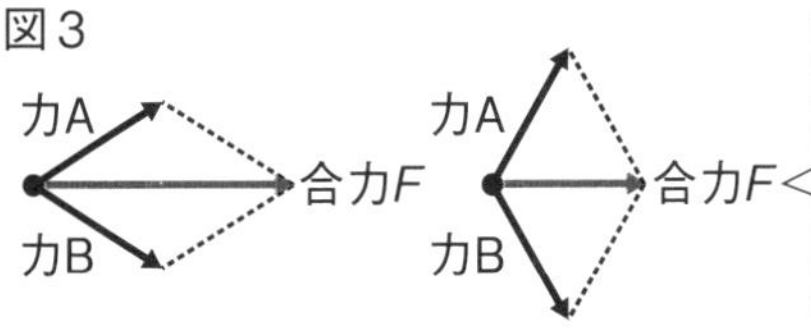

力A　力B　合力F　力A　力B　合力F

合力はそれぞれの力の矢印をとなり合う2辺とする平行四辺形の(㋒　　　　)となる。

2 力の分解

(1) 力の分解　1つの力をそれと同じはたらきをする2力に分けることを(⑦　　　　)といい，分けた2力をもとの力の(⑧　　　　)という。

図4

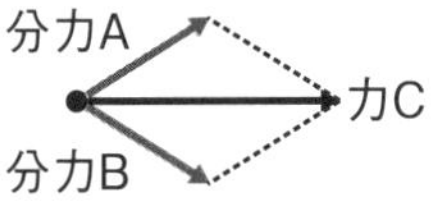

分力A　力C　分力B

③ 作用・反作用

教 p.29～p.31

1 作用・反作用

(1) 作用・反作用　物体Aから物体Bに力が加えられるとき，AからBに加えられた力を(⑨　　　　)，AがBから受ける力を(⑩　　　　)という。この2力は一直線上にあり，向きが<u>反対</u>で大きさは<u>等しい</u>。この法則を(⑪　　　　)という。

(2) 作用・反作用と2力のつり合いのちがい

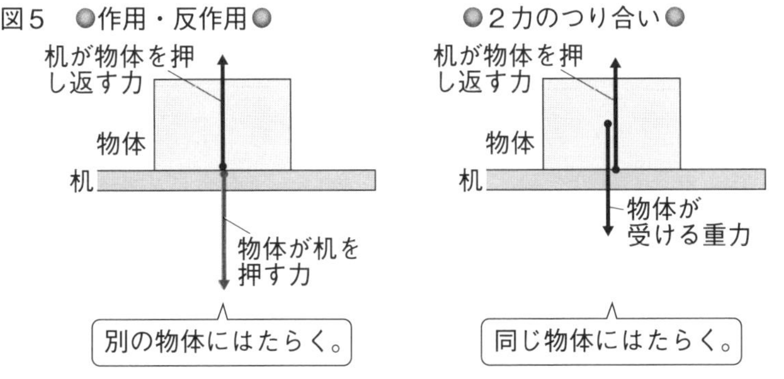

⑤力の合成
2力を1つの力におきかえること。

⑥合力
合成された力。

ポイント
2力がつり合っているときは，合力の大きさは0。

⑦力の分解
1つの力を2力に分けること。

⑧分力
1つの力を分けた2力。

⑨作用
物体Aから物体Bに力が加えられるとき，AからBに加えられる力のこと。

⑩反作用
物体Aから物体Bに力が加えられるとき，AがBから受ける力のこと。

⑪作用・反作用の法則
作用があるとき，必ず一直線上に同じ大きさで，向きが反対の反作用があるという法則。

テストに出る！

予想問題　第1章　力のつり合い－①

⏲30分　/100点

1 右の図は，水面からの深さを水の柱で表したものである。これについて，次の問いに答えなさい。 4点×4〔16点〕

(1) 水圧は，何によって生じる圧力か。 (　　　　)

(2) A面，B面にはたらく水圧の大きさについて，次のア～ウから正しいものを選びなさい。 (　　)

ア　A面のほうが大きい。

イ　B面のほうが大きい。

ウ　どちらも同じ大きさである。

(3) 水圧の大きさについて，次のア～ウから正しいものを選びなさい。 (　　)

ア　水の深さが深いほど小さくなる。

イ　水の深さが深いほど大きくなる。

ウ　水の深さが変わっても一定である。

(4) 水圧がはたらく向きについて，次のア～ウから正しいものを選びなさい。 (　　)

ア　あらゆる向きの面に対して垂直にはたらく。

イ　上向きと下向きだけにはたらく。　　ウ　左右の向きだけにはたらく。

2 図1のように，おもりを入れた容器をばねばかりにつるすと，ばねばかりは7Nを示した。この容器を図2のように全部水に沈めると，ばねばかりは5Nを示した。これについて，次の問いに答えなさい。 4点×6〔24点〕

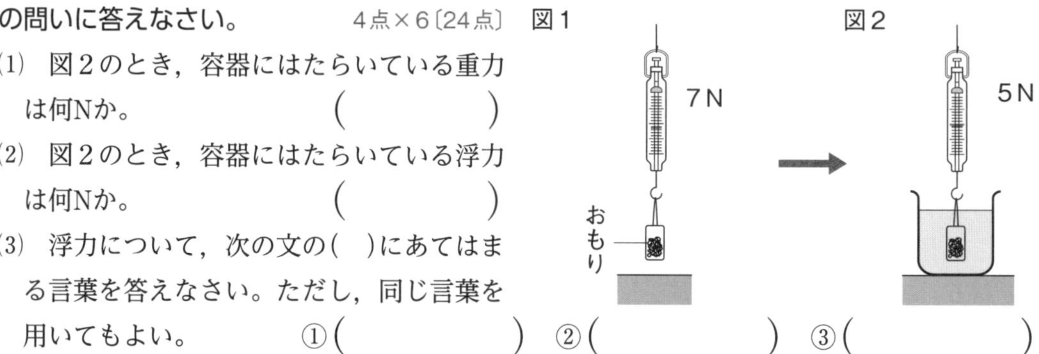

(1) 図2のとき，容器にはたらいている重力は何Nか。 (　　　　)

(2) 図2のとき，容器にはたらいている浮力は何Nか。 (　　　　)

(3) 浮力について，次の文の(　)にあてはまる言葉を答えなさい。ただし，同じ言葉を用いてもよい。 ①(　　　　) ②(　　　　) ③(　　　　)

> 水圧は水の深さが深いほど(①)ので，物体の上面にはたらく水圧よりも，下面にはたらく水圧のほうが(②)。このため，物体は水から(③)向きに力を受ける。これが水中で浮力が生じる原因である。

(4) 浮力の大きさは，何に関係するか。次のア～ウから選びなさい。 (　　)

ア　水の深さ　　イ　水に沈んでいる物体の体積　　ウ　水に沈んでいる物体の重さ

3 下の図のように，水平面に箱が置かれている。AさんとBさんがそれぞれ箱をロープで引いたときの力について，あとの問いに答えなさい。ただし，２人の力は一直線上にはたらいているものとする。
4点×5〔20点〕

図１　箱　Aさん　Bさん
図２　Aさん　Bさん
図３　Aさん　Bさん

(1) 図１では，Aさんの引く力が10N，Bさんの引く力が20Nであった。このとき，箱にはたらくAさんの力とBさんの力の合力は何Nか。（　　　）

(2) 図２では，Aさんの引く力もBさんの引く力もともに15Nであった。このとき，箱にはたらくAさんの力とBさんの力の合力は何Nか。（　　　）

(3) (2)のとき，箱はどのように動くか。次のア～ウから選びなさい。（　　）
ア　Aさんの向きに動く。　イ　Bさんの向きに動く。　ウ　動かない。

(4) 図３では，Aさんの引く力が20N，Bさんの引く力が30Nであった。このとき，箱にはたらくAさんの力とBさんの力の合力は，AさんとBさんのどちらの向きに何Nの大きさか。　向き（　　　）　力の大きさ（　　　）

よく出る **4** 下の図は，点Oにはたらく２力を矢印で表したものである。これについて，あとの問いに答えなさい。
5点×8〔40点〕

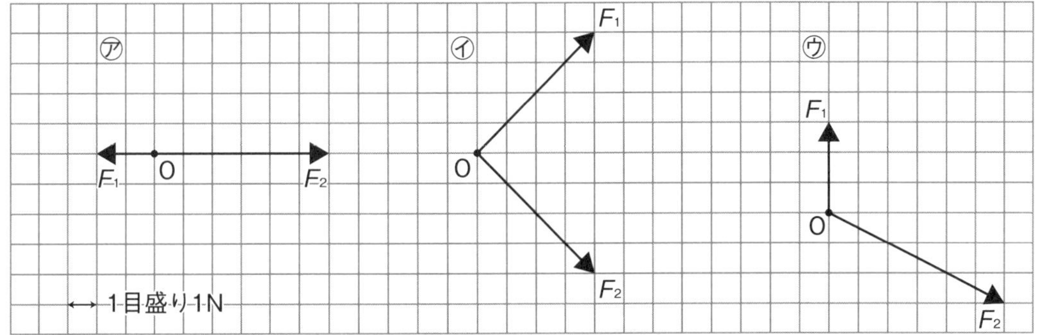

(1) 次の文の（　）にあてはまる言葉を答えなさい。①（　　　）②（　　　）

> 1つの物体にはたらく2力を1つの力におきかえることを（ ① ）といい，おきかえられた1つの力を（ ② ）という。

作図 (2) 図で，点Oにはたらく2力F_1，F_2をそれぞれ1つの力におきかえ，その力を矢印でかきなさい。

(3) (2)で図に表した力の大きさをそれぞれ求めなさい。
㋐（　　　）
㋑（　　　）
㋒（　　　）

テストに出る！

予想問題　第１章　力のつり合いー②

30分　/100点

1 力の矢印について，あとの問いに答えなさい。　6点×4〔24点〕

図１

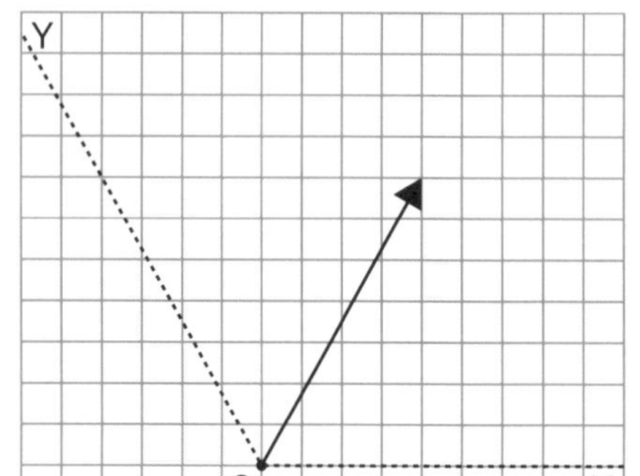

図２

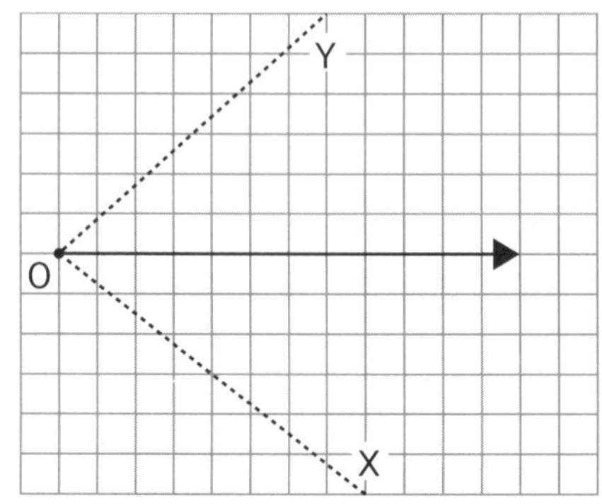

作図 (1)　図１，２の力の矢印をXとY方向に分解して，それぞれの力の矢印でかきなさい。

(2)　次の(　)にあてはまる言葉を答えなさい。　①(　　　　　)　②(　　　　　)

> 1つの力をそれと同じはたらきをする２力に分けることを(①)といい，分けた２力をもとの力の(②)という。

よく出る **2** 右の図１のように，ローラースケートをはいたAさんとBさんが向かい合って立っている。これについて，次の問いに答えなさい。　6点×4〔24点〕

図１

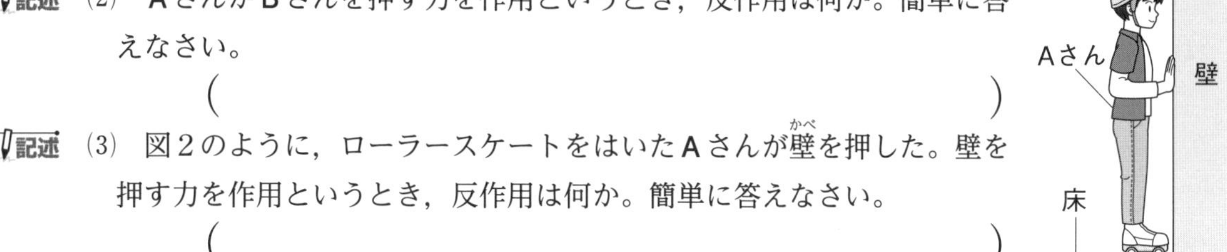

(1)　AさんがBさんを押したとき，２人はどのような動きをするか。次のア～エから選びなさい。　(　　)

ア　２人とも動かない。
イ　Bさんだけが右へ動く。
ウ　Aさんだけが左へ動く。
エ　Aさんは左へ動き，Bさんは右へ動く。

記述 (2)　AさんがBさんを押す力を作用というとき，反作用は何か。簡単に答えなさい。
(　　　　　　　　　　　　　　　　)

記述 (3)　図２のように，ローラースケートをはいたAさんが壁(かべ)を押した。壁を押す力を作用というとき，反作用は何か。簡単に答えなさい。
(　　　　　　　　　　　　　　　　)

(4)　図２で，つり合っている２力はどれとどれか。次のア～オから選びなさい。
(　　　と　　　)

ア　壁がAさんを押す力　　イ　Aさんが壁を押す力　　ウ　Aさんにはたらく重力
エ　床がAさんを押す力　　オ　Aさんが床を押す力

3 右の図のように，机の上に物体が置かれているときの力について，次の問いに答えなさい。

6点×4〔24点〕

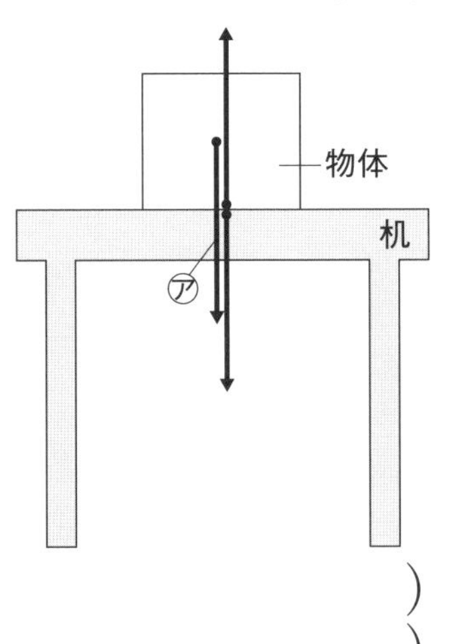

記述 (1) 図の矢印㋐は，物体が受ける重力を表している。この物体にはたらく力のうち，重力とつり合っているのは，何が何を押す力か。

(　　　　　　　　　　)

記述 (2) (1)の力と作用・反作用の関係にあるのは，何が何を押す力か。

(　　　　　　　　　　)

(3) 次の文は，物体にはたらく２力の関係について説明したものである。(　)にあてはまる言葉を答えなさい。

①(　　　　　　)
②(　　　　　　)

> １つの物体にはたらく同じ大きさで反対向きの２力は(①)いるといい，別の物体にはたらく同じ大きさで反対向きの２力は(②)の関係にあるという。

4 右の図は，斜面(しゃめん)上の物体が受ける重力Aを矢印で表したものである。摩擦(まさつ)は考えないものとして，次の問いに答えなさい。

4点×7〔28点〕

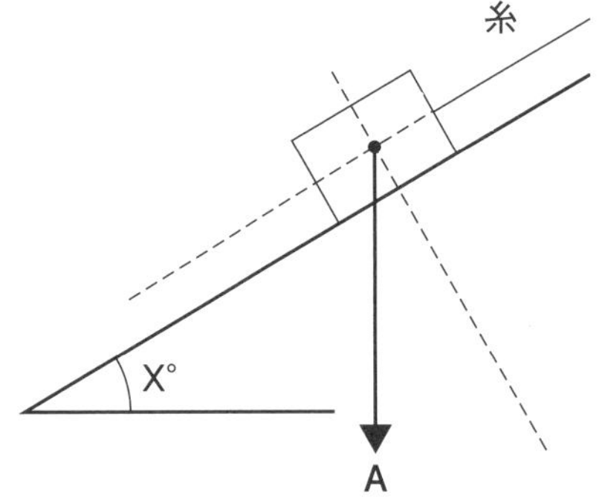

作図 (1) 重力Aを斜面に沿った方向の分力Bと斜面に垂直な方向の分力Cに分け，図にそれぞれの力の矢印をかきなさい。

作図 (2) 糸を使って物体を斜面に沿った方向に支えるときに必要な力Dを，図に矢印でかきなさい。

(3) 分力Bと力Dの２力は，たがいにどのような関係にあるか。次のア～ウから選びなさい。(　　)

ア　２力は作用・反作用の関係にある。
イ　２力はつり合っている。
ウ　２力はたがいに無関係である。

(4) 分力Cと同じ大きさの力はどれか。次のア～ウから選びなさい。(　　)

ア　物体が斜面から受ける垂直抗力
イ　重力Aの斜面に沿った方向の分力B
ウ　(2)で求めた力D

(5) 斜面の角度X°をだんだん大きくしていくと，A～Cの力はどのようになるか。それぞれ次のア～ウから選びなさい。　A(　　)　B(　　)　C(　　)

ア　大きくなる。　　イ　小さくなる。　　ウ　変わらない。

第２章　力と運動

テストに出る！ココが要点　解答 p.2

① 物体の速さ　教 p.33～p.36

1 速さ

(1)　速さ　物体が一定時間に移動する距離(きょり)を(①　　　　)という。

$$速さ[cm/s]=\frac{移動距離[cm]}{移動にかかった時間[s]}$$

(2)　速さの単位　センチメートル毎秒(記号cm/s)，(②　　　　)(記号km/h)などが使われる。

(3)　平均の速さと瞬間(しゅんかん)の速さ

- (③　　　　)…物体がある区間を一定の速さで移動し続けたと考えて求めた速さ。
- (④　　　　)…物体がごく短い時間に移動した距離をもとに求めた速さ。

② 物体にはたらく力と運動　教 p.37～p.47

1 力を受け続けるときの物体の運動

(1)　物体の速さ　物体は，運動と同じ向きに一定の力を受け続けると，一定の割合で速さが増加する。

(2)　斜面上の台車にはたらく力　なめらかな斜面に台車をのせると，重力の斜面に沿った方向の分力により，台車は斜面に沿って下向きに運動する。

(3)　物体の速さと斜面の角度　斜面の角度を大きくすると，台車が受ける斜面に沿って下向きの力も大きくなり，速さの増し方も大きくなる。

図１

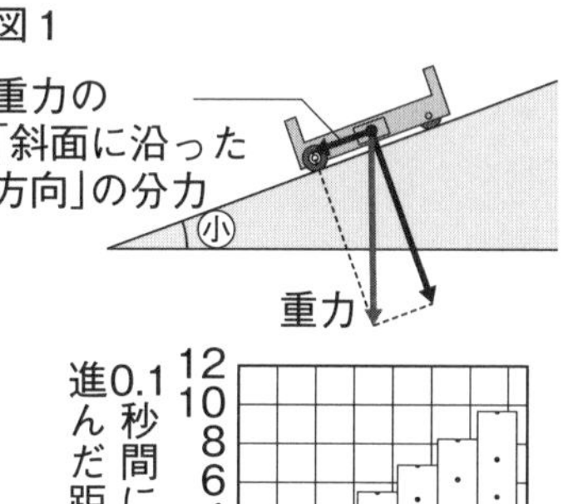

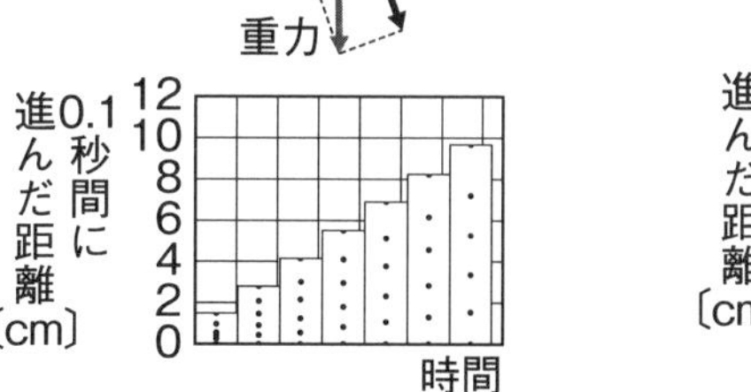

満点★ミッション

①速さ
物体が一定時間(1秒間，1分間など)に移動する距離。

②キロメートル毎時
速さの単位。1時間に何km移動するかを表す。

③平均の速さ
途中(とちゅう)の速さの変化を無視して，ある区間を一定の速さで移動したと考えて求めた速さ。

④瞬間の速さ
平均の速さに対して，ごく短い時間に移動した距離をもとに求めた速さ。

ポイント

力の矢印の長さが長いほど，力の大きさが大きいことを示す。

ココが要点の答えになります。

(4) 自由落下　斜面の角度を90°にしたとき，物体が鉛直(えんちょく)下向きの重力だけを受け，真下に落下する運動を（⑤　　　　）という。

(5) 運動と反対向きの力を受けるときの運動　物体が運動と反対向きの力を受け続けると，運動の速さは一定の割合で減少する。

例斜面を上る球，真上に投げ上げられたボール

図2　●斜面を上る球●

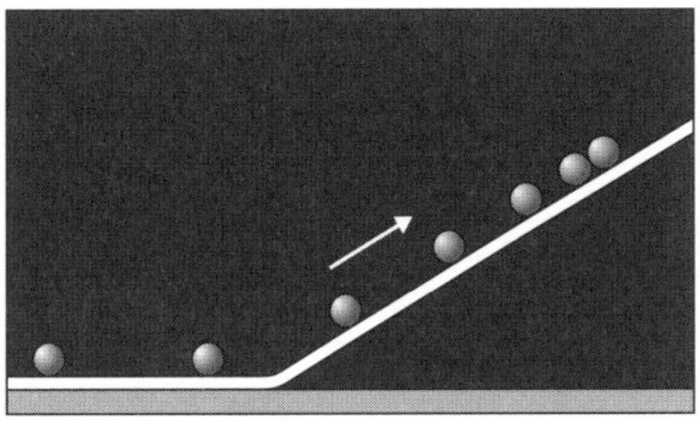

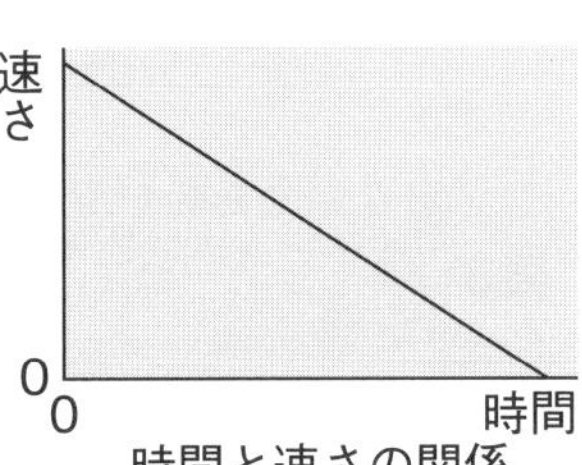

時間と速さの関係

2 物体が力を受けないときの運動

(1) （⑥　　　　　　）　一定の速さで一直線上を進む運動。

摩擦のない水平面上では，物体は同じ速さで運動し続ける。等速(とうそく)直線運動(ちょくせんうんどう)では，移動距離は時間に比例し，速さは一定である。

図3

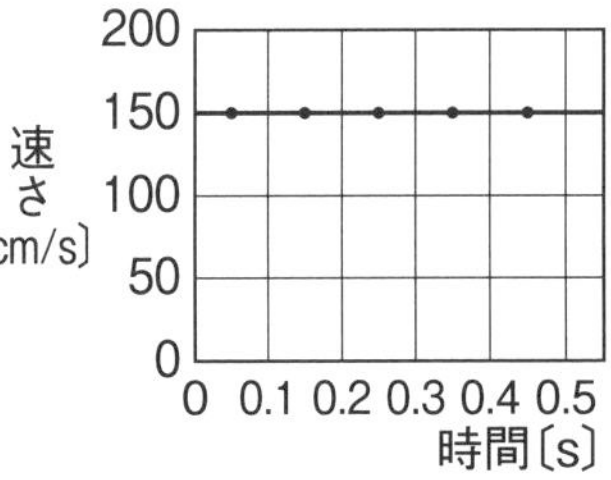

速さ〔cm/s〕 200 150 100 50 0
0 0.1 0.2 0.3 0.4 0.5 時間〔s〕
時間と速さの関係

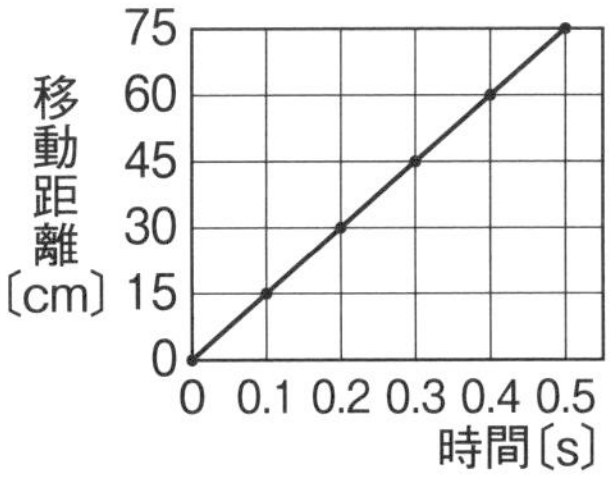

移動距離〔cm〕 75 60 45 30 15 0
0 0.1 0.2 0.3 0.4 0.5 時間〔s〕
時間と移動距離の関係

3 慣性(かんせい)の法則(ほうそく)

(1) 慣性

- 運動している物体は等速直線運動を続け，静止している物体は静止の状態を続けようとする。物体がもつこの性質を（⑦　　　　）という。
- 物体が力を受けていないときや受けている力がつり合っているとき，物体は等速直線運動や静止の状態を続ける。これを（⑧　　　　　）という。

図4

急発進

静止し続けようとする。

急停車

等速直線運動を続けようとする。

満点★ミッション

⑤自由落下
物体が重力だけを受けて，真下に落下する運動。

ポイント
運動している物体に力がはたらくと，運動の速さが変化する。

⑥等速直線運動
速さが一定で，一直線上を進む運動。

⑦慣性
運動している物体は等速直線運動を続け，静止している物体は静止し続けようとする性質。

⑧慣性の法則
物体が力を受けていないときや，受けている力の合力が0であるとき，物体は等速直線運動や静止の状態を続けること。

テストに出る！

予想問題　第２章　力と運動－①

30分　/100点

よく出る **1** 下の図は，一定時間ごとの運動のようすを記録したものである。これについて，あとの問いに答えなさい。　5点×3〔15点〕

図１ 落下する球（A，B）

図２ 急な斜面を転がる球（A，B）

図３ ゆるやかな斜面を転がる球（A，B）

図４ 水平面上を転がる球（A，B）

図５ 振り子（A，B）

図６ 曲げたレール上を転がる球（A，B）

(1) 図で，球の速さが大きいのは，球と球の間隔が長いときと短いときのどちらか。
(　　　　)

(2) 球が一定の速さで運動しているのは，図１～図６のどれか。　(　　　　)

(3) BよりAのほうが球の速さが大きいのは，図１～図６のどれか。　(　　　　)

2 物体の速さについて，次の問いに答えなさい。　5点×7〔35点〕

(1) 75mを10秒で動く物体の速さを以下のような式で計算した。(　)にあてはまる数を答えなさい。それぞれの数には，単位もつけなさい。

①(　　　　)　②(　　　　)　③(　　　　)

速さ〔m/s〕＝$\frac{(\ ①\ )}{(\ ②\ )}$＝(　③　)

(2) 速さの単位〔m/s〕は何と読むか。　(　　　　)

(3) 高速道路を使って320kmを４時間で移動した。一定の速さで移動し続けたと考えたとき，速さは何km/hか。　(　　　　)

(4) 次の文の(　)にあてはまる言葉を答えなさい。

①(　　　　)　②(　　　　)

物体が，ある区間を同じ速さで移動し続けたと考えて求めた速さを(　①　)といい，自動車の速度計に表示されるようなごく短い時間に移動した距離から求めた速さを(　②　)という。

よく出る **3** 下の図は，物体の運動を記録タイマーでテープに記録した結果である。これについて，あとの問いに答えなさい。 4点×5〔20点〕

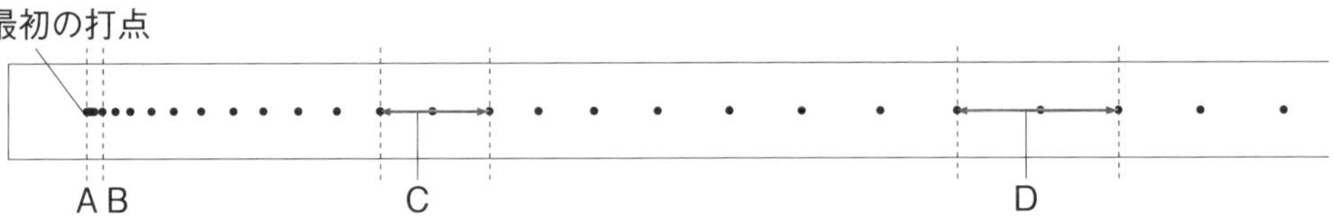

⑴ 記録を調べるときには，図のAとBのどちらの点から使うか。 (　　)

⑵ 図のCとDはどちらも2打点間の長さを示している。物体の速さが大きいのは，図のCとDのどちらのときか。 (　　)

⑶ テープを調べたところ，ある0.1秒間分の長さが2.4cmであった。このとき，物体の速さは何cm/sか。 (　　)

⑷ テープを0.1秒間隔で切ってならべてみると，テープの長さは時間とともに長くなっていた。このとき，物体の速さはどのように変化したか。 (　　)

⑸ この記録結果は物体のどのような運動を記録したものか。次のア～ウから選びなさい。 (　　)

ア 斜面を上る運動　　イ 水平面上を転がる運動　　ウ 斜面を下る運動

よく出る **4** 右の図1は，斜面を下る台車の運動を記録タイマーで記録し，テープを0.1秒ごとに切ってはりつけたものである。次の問いに答えなさい。 5点×6〔30点〕

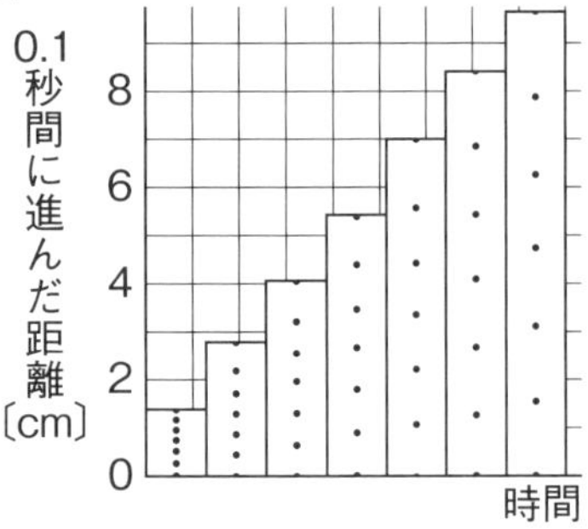

⑴ この実験で使用した記録タイマーは，1秒間に何回打点するものか。 (　　)

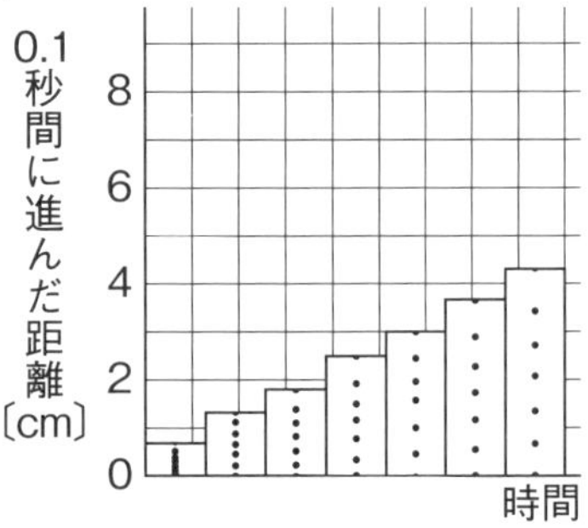

⑵ 図1で，5本目のテープを記録したときの台車の平均の速さは何cm/sか。 (　　)

⑶ 図2は，斜面の角度を大きくしたときの結果である。このとき台車の運動の向きにはたらく力はどのようになったか。 (　　)

⑷ 図2で，5本目のテープを記録したときの台車の平均の速さは何cm/sか。 (　　)

⑸ 斜面を下る台車について，次のア～ウから正しいものを選びなさい。 (　　)

ア 台車の速さは一定である。

イ 斜面の角度を大きくすると，台車の速さの変化も大きくなる。

ウ 台車が斜面を下るにつれ，台車にはたらく斜面に沿った下向きの力は大きくなる。

⑹ 斜面の角度を90°にしたとき，物体は重力だけを受けて運動する。このときの物体の運動を何というか。 (　　)

図1

0.1秒間に進んだ距離〔cm〕 0 2 4 6 8 時間

図2

0.1秒間に進んだ距離〔cm〕 0 2 4 6 8 時間

テストに出る！

予想問題　第２章　力と運動ー②

30分　/100点

1 下の図のように，斜面ＡＢとそれに続くなめらかな水平面ＢＣでの台車の運動について，あとの問いに答えなさい。　5点×8〔40点〕

(1)　この実験では，１秒間に60打点記録する記録タイマーを用いた。となり合う打点の時間間隔は何秒か。　(　　　　)

(2)　２本目のテープは台車がどの区間を移動しているときの記録か。次のア～ウから選びなさい。　(　　)

ア　ＡからＢの間

イ　ＢからＣの間

ウ　ＣからＤの間

(3)　３本目のテープが２本目のテープより長いのは，台車にどのような向きの力がはたらいているからか。次のア～エから選びなさい。　(　　)

ア　Ａ→Ｂの向き　　イ　Ｂ→Ａの向き

ウ　Ｂ→Ｃの向き　　エ　Ｃ→Ｂの向き

(4)　３本目のテープの長さは3.4cmであった。３本目のテープを記録しているときの台車の平均の速さは何cm/sか。　(　　　　)

(5)　４本目から７本目の記録テープは，どれも長さがほぼ同じである。このような，一定の速さで一直線上を進む運動を何というか。　(　　　　)

(6)　(5)のときの台車の平均の速さは何cm/sか。　(　　　　)

(7)　記録テープはＣで終わったが，台車はその後も運動を続け，さらに右のＤまで進んで止まった。ＣからＤの間で台車を止めるようにはたらいた力の向きはどのようになっているか。次のア～ウから選びなさい。　(　　)

ア　ＣＤに垂直で上向き

イ　Ｃ→Ｄの向き

ウ　Ｄ→Ｃの向き

(8)　ＣからＤの間で台車にはたらいた(7)の力を何というか。　(　　　　)

2 下の図は，摩擦力がはたらかないようにくふうした装置上のボールの運動を表したものである。これについて，あとの問いに答えなさい。 6点×6〔36点〕

A → B C D E

(1) 次の文の(　)にあてはまる言葉や数字を答えなさい。

①(　　　　　) ②(　　　　　)

> 図のような運動をするボールが受けている力は，(①)と垂直抗力の２力だけである。この２力は，向きが反対で大きさが等しいので，合力の大きさは(②)である。

(2) AからBへボールが移動するのに0.3秒かかり，その間の移動距離は24cmであった。このときのボールの速さは何cm/sか。 (　　　　　)

(3) BからDへボールが移動するのに0.6秒かかり，その間の移動距離は48cmであった。このときのボールの速さは何cm/sか。 (　　　　　)

(4) ボールがAからEまで移動するときの時間と速さの関係を表すグラフはどれか。次の㋐～㋓から選びなさい。 (　　)

(5) ボールがAからEまで移動するときの時間と移動距離の関係を表すグラフはどれか。(4)の㋐～㋓から選びなさい。 (　　)

よく出る **3** 電車がしばらく一定の速さで走っていたが，駅の手前でブレーキをかけて停車した。これについて，次の問いに答えなさい。 6点×4〔24点〕

(1) 電車がブレーキをかけたとき，電車の中に立っていた人のからだはどのようになるか。次のア，イから選びなさい。 (　　)

ア　進行方向に傾(かたむ)く。　　イ　進行方向と逆向きに傾く。

(2) 停車していた電車が発進したとき，電車の中に立っていた人のからだはどのようになるか。(1)のア，イから選びなさい。 (　　)

(3) (1)，(2)について，次の文の(　)にあてはまる言葉を答えなさい。

①(　　　　　) ②(　　　　　)

> (1)は，運動する物体が等速直線運動を続けようとする性質，(2)は，静止する物体が静止し続けようとする性質によるものである。この性質を(①)という。物体が力を受けていない，または受けている力の合力が０であるとき，(①)により，静止している物体は静止し続け，等速直線運動をする物体は，その運動を続ける。これを(②)という。

第３章　仕事とエネルギー

満点ミッション

①仕事
力の大きさと，力の向きに動かした距離によって決まる。単位はジュール(記号J)。1〔J〕= 1〔Nm〕

ミス注意！
力の向きと移動する向きが垂直のとき，物体が動かないときは仕事をしていない。

②仕事の原理
物体に仕事をするとき，道具を使って加える力を変えても，仕事の大きさは変わらないこと。

③仕事率
１秒間当たりにする仕事の大きさ。単位はワット(記号W)。

① 仕事　　教 p.49～p.55

1 仕事

(1)　仕事　物体に力を加えて，その力の向きに物体を動かしたとき，力は物体に(①　　　　)をしたという。

仕事〔J〕= 力の大きさ〔N〕× 力の向きに動かした距離〔m〕

(2)　仕事の大きさ

図１ ●物体を持ち上げる仕事●　　●水平面上で物体を動かす仕事●

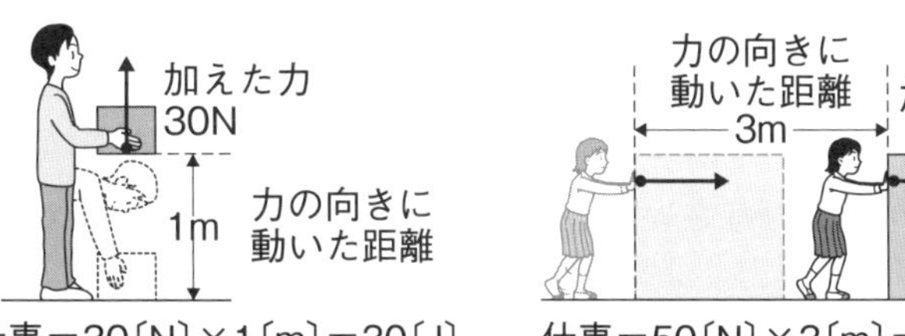

(3)　道具を使ってする仕事

図２

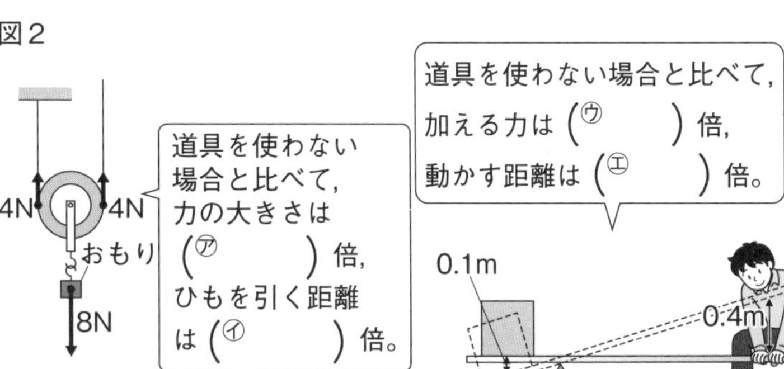

(4)　仕事の原理(げんり)　動滑車(どうかっしゃ)やてこなどの道具を使うと，より小さな力で物体を動かすことができるが，動かす距離が長くなるため，仕事の大きさは変わらない。これを(②　　　　　　)という。

2 仕事率(しごとりつ)

(1)　仕事率　１秒間当たりにする仕事の大きさを(③　　　　　)という。

$$仕事率〔W〕= \frac{仕事〔J〕}{かかった時間〔s〕}$$

●仕事の大きさが同じでも，仕事率が異なると，仕事をする速さが異なる。

図３ ●仕事の大きさと速さ●

② エネルギー

教 p.56～p.71

1 エネルギー

(1) エネルギー　仕事をすることができる状態にある物体は，(④　　　　)をもっているという。

- (⑤　　　　)
  …**高いところにある物体**がもつエネルギー。その大きさは基準とする面からの高さに比例し，質量にも比例する。
- (⑥　　　　)
  …**運動している物体**がもつエネルギー。その大きさは物体の質量に比例し，物体が速いほど大きい。

(2) 力学的エネルギーの保存　ある物体がもつ**位置エネルギー**と**運動エネルギー**の和を(⑦　　　　)という。物体に摩擦力などがはたらかないとき，この和が一定に保たれることを(⑧　　　　)という。位置エネルギーが小さくなると，運動エネルギーが大きくなる。

図4 振り子の運動

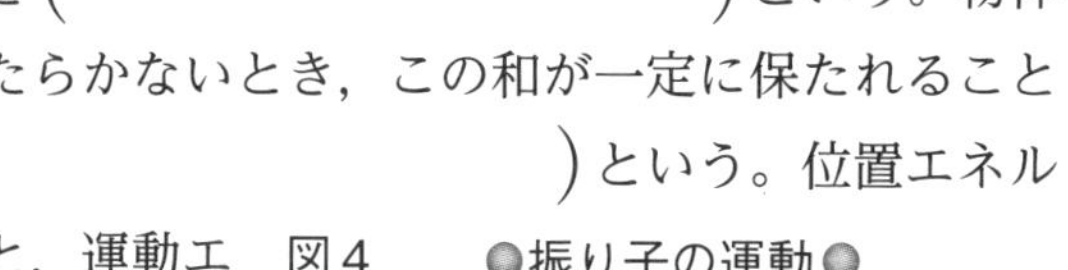

(3) いろいろなエネルギー
ゴムやばねのもつ**弾性エネルギー**のほか，電気エネルギー，熱エネルギー，光エネルギー，化学エネルギー，核エネルギー，音のエネルギーなどがある。

(4) エネルギーの保存
エネルギーが移り変わるとき，途中で目的でない種類のエネルギーが発生するが，それらのエネルギーの総量は常に一定に保たれている。このことを(⑨　　　　)という。

2 熱の伝わり方

(1) **伝導**(熱伝導)　物体の中を熱が移動して伝わること。
(2) **対流**(熱対流)　温められた水や空気が移動して熱を運ぶこと。
(3) (⑩　　　　)　熱をもった物体が出した**赤外線**などが空間を伝わり，当たった物体に熱が移動すること。

満点ミッション

④**エネルギー**
仕事をすることができる状態にある物体がもつもの。

⑤**位置エネルギー**
高い位置にある物体がもつエネルギー。物体の質量や，基準とする面からの高さに比例する。

⑥**運動エネルギー**
運動している物体がもつエネルギー。物体の質量と速さによって決まる。

⑦**力学的エネルギー**
位置エネルギーと運動エネルギーの和。

⑧**力学的エネルギーの保存**
摩擦力などがはたらかないとき，力学的エネルギーが常に一定に保たれること。

⑨**エネルギーの保存**
さまざまな種類のエネルギーがたがいに移り変わっても総量は常に一定であること。

⑩**放射**(熱放射)
熱をもった物体から出された赤外線などによって，空間をへだてて熱が伝わること。

テストに出る！

予想問題　第３章　仕事とエネルギー－①

30分　/100点

よく出る **1** 右の図のように，質量30kgの物体を，滑車Ａ，Ｂや斜面を使って，地面から６mの高さまで引き上げた。100gの物体が受ける重力の大きさを１Nとして，次の問いに答えなさい。ただし，斜面の摩擦はなく，滑車の質量は無視できるものとする。

5点×10〔50点〕

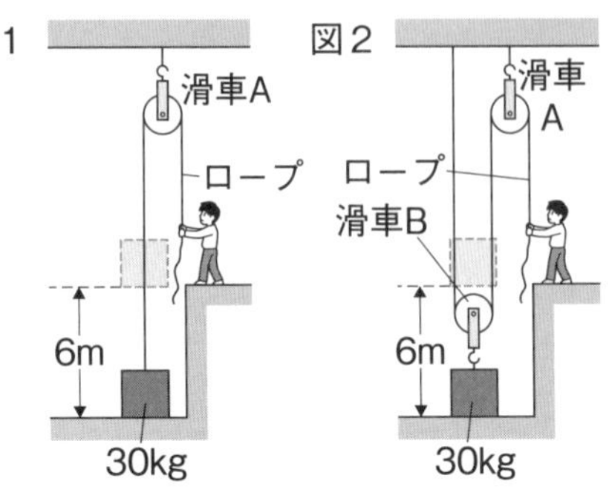

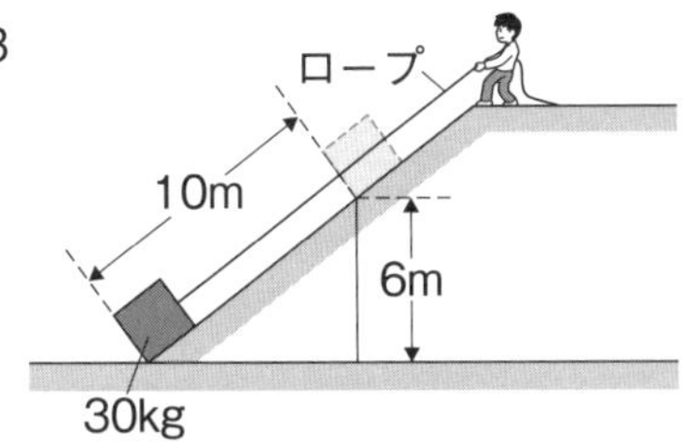

(1) この物体を滑車Ａ，Ｂや斜面を使わずに，地面から６mの高さまで引き上げたときの仕事の大きさはいくらか。（　　　）

(2) 図１で，物体を地面から６mの高さまで引き上げたときの仕事の大きさはいくらか。（　　　）

(3) 図２で，物体を引き上げるために必要な力の大きさはいくらか。（　　　）

(4) 図２で，物体を地面から６mの高さまで引き上げるためには，ロープを何m引けばよいか。（　　　）

(5) 図２で，物体を地面から６mの高さまで引き上げたときの仕事の大きさはいくらか。（　　　）

(6) 図１，２で物体を引き上げたときの仕事について，次のア～ウから正しいものを選びなさい。（　　）

ア　滑車を使うと，何も道具を使わずに引き上げたときよりも，仕事の大きさは小さくなる。

イ　図１と図２で，仕事の大きさは等しい。

ウ　図２のように２つの滑車を使うと，図１のように１つの滑車を使ったときよりも仕事の大きさは小さくなる。

(7) 仕事の大きさが，(1)，(2)，(5)のようになることを何というか。（　　　）

(8) 図３のように，斜面を使って物体を地面から６mの高さまで引き上げた。このときの仕事の大きさはいくらか。（　　　）

(9) 図３のように，物体を斜面に沿って引き上げるために必要な力の大きさはいくらか。（　　　）

(10) 図３で，物体を地面から６mの高さに引き上げるのに４秒かかった。このときの仕事率はいくらか。（　　　）

2 図1の装置を使って，おもりの高さや質量を変えて，くいが打ちこまれる深さを調べた。図2は同じおもり(質量120g)を落とす高さを変えて調べた結果，図3は質量の異なるおもりを同じ高さ(30cm)から落として調べた結果を表している。このとき，おもりと金属棒の間に摩擦力ははたらかないものとする。あとの問いに答えなさい。 8点×4〔32点〕

図1

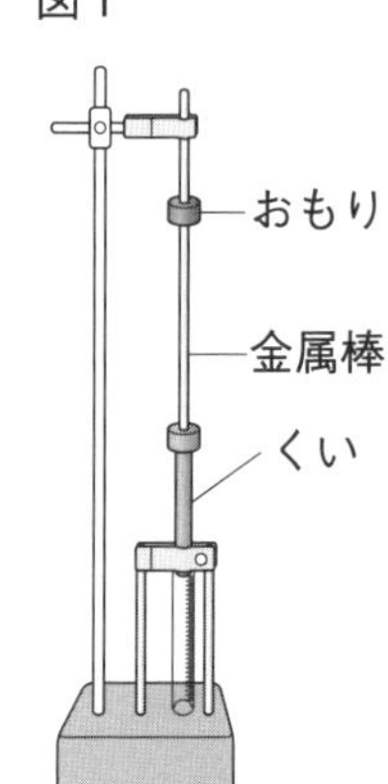

図2

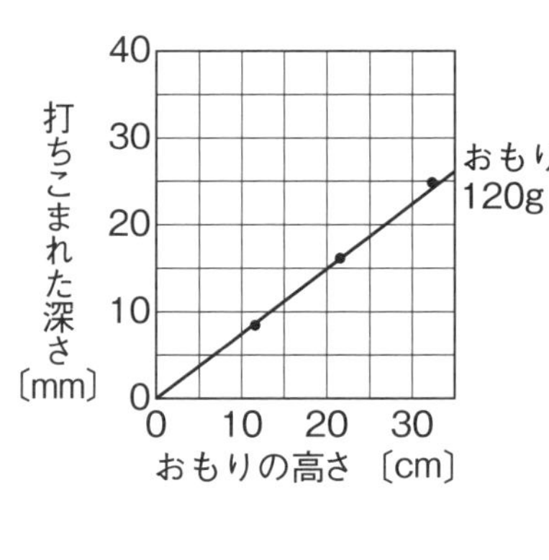

図3

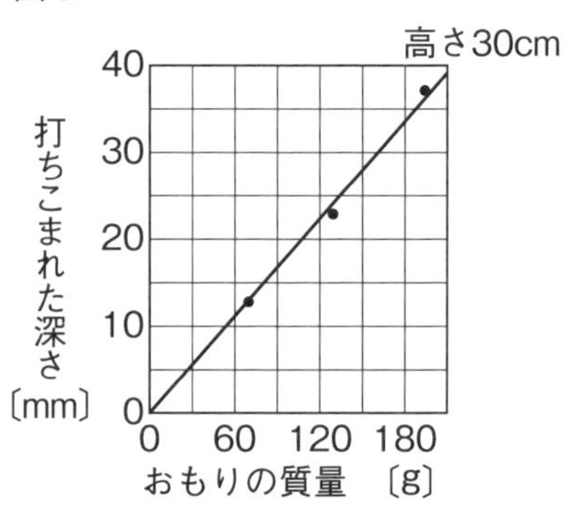

(1) 図2から，位置エネルギーの大きさと，おもりの高さには，どのような関係があることがわかるか。 (　　　　)

(2) 図3から，位置エネルギーの大きさと，おもりの質量には，どのような関係があることがわかるか。 (　　　　)

(3) おもりのもつ位置エネルギーの大きさは，おもりの質量をどのようにすると大きくなるか。 (　　　　)

(4) おもりのもつ位置エネルギーの大きさは，おもりの高さをどのようにすると大きくなるか。 (　　　　)

3 図1のように，球の速さや質量を変えて，おもりに衝突(しょうとつ)させたときのおもりの移動距離を調べた。図2はその結果を示している。次の問いに答えなさい。 6点×3〔18点〕

図1

速度測定器
球
レール
おもり　ものさし

図2

球の質量　40g　20g　10g
おもりの移動距離〔mm〕 0 100 200 300 400 500 600 700
球の速さ〔cm/s〕 0 40 80 120 160 200

(1) 運動エネルギーと物体(球)の速さについて，次のア～ウから正しいものを選びなさい。(　　)

ア　運動エネルギーは，物体が速いほど大きい。

イ　運動エネルギーは，物体が速いほど小さい。

ウ　運動エネルギーは，物体の速さには関係がない。

(2) 運動エネルギーを大きくするには，物体の質量をどのようにすればよいか。

(　　　　)

(3) 物体がもつ位置エネルギーと運動エネルギーの和を何というか。 (　　　　)

テストに出る！

予想問題　第３章　仕事とエネルギー－②

⏱ 30分　/100点

よく出る **1** 右の図のような振り子を用いて，力学的エネルギーに関する実験を行った。位置エネルギーの基準をB点の高さとして，次の問いに答えなさい。ただし，振り子に摩擦力などははたらかないものとする。　5点×5〔25点〕

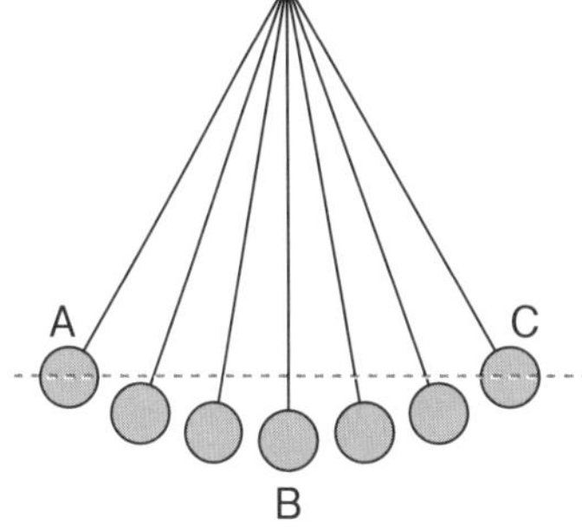

(1) A点でおもりを支えていた手をはなすと，おもりはA→B→C→B→Aの順に動いた。このとき，速さが最も大きい点は，A～Cのどこか。（　　）

(2) おもりがA→Bと動くとき，おもりがもつ位置エネルギーはどのように変化するか。次のア～ウから選びなさい。（　　）

ア　増加する。　　イ　減少する。　　ウ　変わらない。

(3) 運動エネルギーの大きさが0になる点を，A～Cからすべて選びなさい。（　　　　）

(4) A点にあるおもりがもっている位置エネルギーと大きさが等しいのは，どのエネルギーか。次のア～エからすべて選びなさい。（　　　　）

ア　B点の位置にあるおもりがもっている運動エネルギー
イ　B点の位置にあるおもりがもっている位置エネルギー
ウ　C点の位置にあるおもりがもっている運動エネルギー
エ　C点の位置にあるおもりがもっている位置エネルギー

(5) 位置エネルギーと運動エネルギーの和が一定に保たれることを何というか。
（　　　　　　　　　　）

2 右の図は，照明器具とモーターを２つずつ用意し，そのエネルギーの移り変わりを調べたものである。パーセントで示した数字は，各エネルギーの全エネルギーに占(し)める割合を表している。次の問いに答えなさい。　5点×4〔20点〕

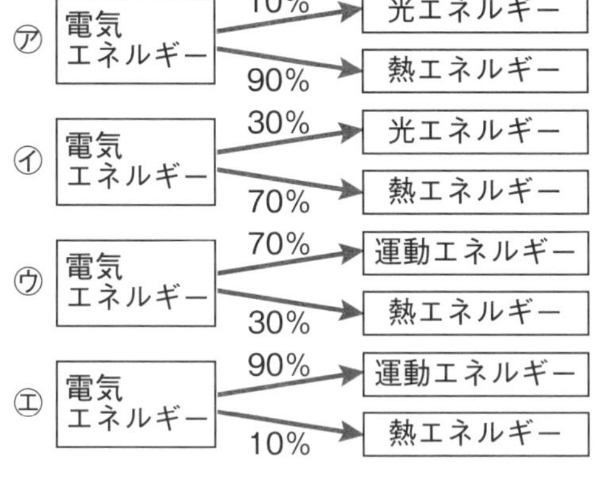

(1) いろいろなエネルギーはたがいに移り変わる。このときエネルギーの総量は常に一定であることを何というか。
（　　　　　　　　）

(2) 最も変換効率(へんかんこうりつ)の高い照明器具は，㋐～㋓のどれか。（　　）

(3) (2)で選んだ照明器具の光エネルギーへの変換効率は何％か。（　　　）

(4) 最も変換効率の高いモーターは，㋐～㋓のどれか。（　　）

よく出る **3** 右の図は，エネルギーの移り変わりについて表したものである。これについて，次の問いに答えなさい。 5点×6〔30点〕

化学エネルギー ←A― 光エネルギー
光エネルギー ―D→ 電気エネルギー
化学エネルギー ―B→ 熱エネルギー
熱エネルギー ―C→ （ ㋐ ）エネルギー
（ ㋐ ）エネルギー ―E→ 電気エネルギー
電気エネルギー ―F→ （ ㋐ ）エネルギー
（ ㋑ ）エネルギー ―G→ 熱エネルギー
位置エネルギー ―H→ （ ㋐ ）エネルギー
（ ㋐ ）エネルギー ―I→ 位置エネルギー

(1) 手回し発電機を回したときのエネルギーの移り変わりは，矢印Eで示される。㋐にあてはまる言葉を答えなさい。 (　　　)

(2) 矢印Fのようにエネルギーを変換する装置には何があるか。次の**ア**〜**オ**から選びなさい。 (　　)

ア 電熱線　**イ** モーター
ウ 電球　**エ** 光電池　**オ** 電子ブザー

(3) 矢印Dのようにエネルギーを変換する装置には何があるか。(2)の**ア**〜**オ**から選びなさい。 (　　)

(4) ボールを坂の上ではなすと，しだいに速さを増して坂を下っていく。このようなエネルギーの移り変わりを示している矢印を図の**A**〜**I**から選びなさい。 (　　)

(5) ㋑のエネルギーは，原子の中心にある原子核がもつエネルギーである。㋑にあてはまる言葉を答えなさい。 (　　　)

(6) 同じ量の光エネルギーを得るには，白熱電球は発光ダイオードよりも多くの電気エネルギーを必要とする。白熱電球と発光ダイオードで，エネルギーの変換効率が高いのはどちらといえるか。 (　　　　　)

4 右の図は，なべに入った水を加熱したときの熱の伝わり方を表したものである。これについて，次の問いに答えなさい。 5点×5〔25点〕

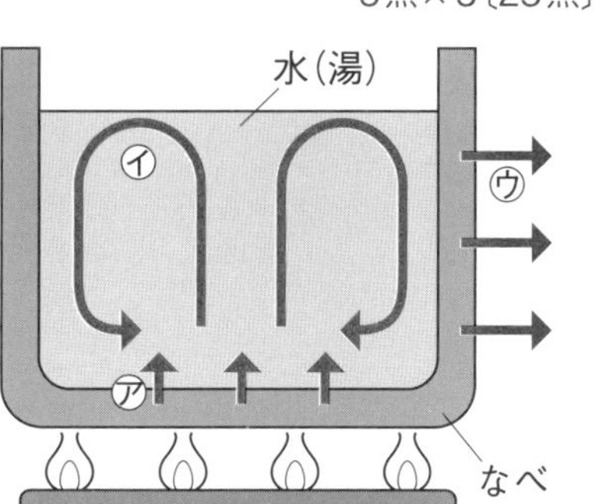

(1) 図の㋐のように，コンロで加熱されて高温になったなべの底から，中の水に熱が伝わった。この熱の伝わり方を何というか。 (　　　)

(2) 図の㋑のように，なべの底で高温になった水が上昇して，上のほうに熱が運ばれた。この熱の伝わり方を何というか。 (　　　)

(3) 図の㋒のように，熱くなったなべから空間をへだてて熱が伝わった。この熱の伝わり方を何というか。 (　　　)

(4) 太陽からの熱も図の㋒のような伝わり方で地球までとどけられている。熱を伝えている目に見えない光を何というか。 (　　　)

(5) なべの水(湯)に金属のスプーンの先を入れると，その持ち手も熱くなった。この熱の伝わり方は図の㋐〜㋒のどの伝わり方といえるか。 (　　)

第１章　生物の成長・生殖

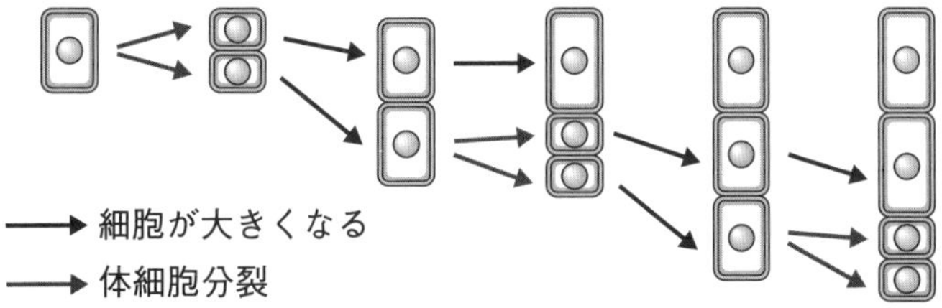

満点★ミッション

①**細胞分裂**
１つの細胞が２つに分かれること。

②**染色体**（せんしょくたい）
細胞の核（かく）の中にあり，細胞分裂するときに見られるひものようなつくり。酢酸（さくさん）カーミン液や酢酸オルセイン液などによって染められる。

③**体細胞分裂**
からだをつくる細胞の分裂。分裂前の細胞と分裂後の細胞の染色体の数は等しい。

テストに出る！　ココが要点　解答 p.5

① 生物の成長と細胞

教 p.79～p.84

1 細胞分裂（さいぼうぶんれつ）

(1) (① 　　　　　) １つの細胞が２つに分かれること。

●タマネギの根の先端（せんたん）では，細胞が分裂して数が増え，その１つひとつが大きくなり，根が伸（の）びる。

図１●根の断面●

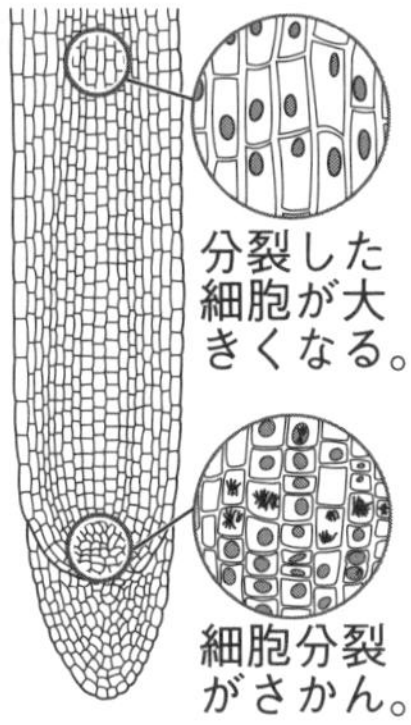

(2) (② 　　　　　) 細胞分裂のときに細胞に見られる，ひものようなつくり。

●根などのからだをつくる細胞の分裂を (③ 　　　　　) という。

図２

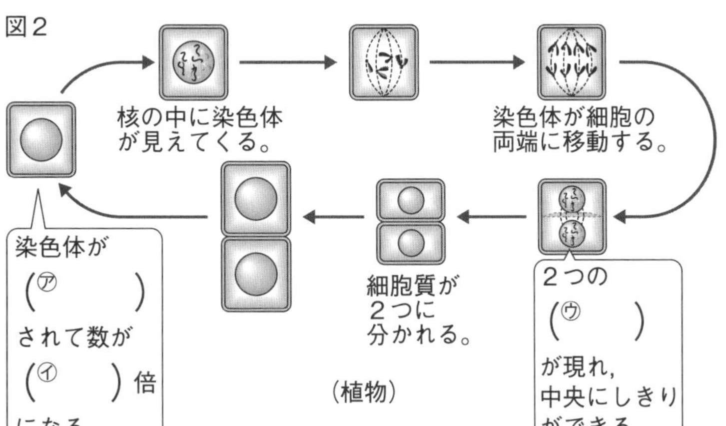

●植物は，体細胞分裂（たいさいぼうぶんれつ）のさかんに起こる部分がある。動物は，からだ全体の細胞が分裂し，成長する。

図３●根の伸び方●

→ 細胞が大きくなる
→ 体細胞分裂

ココが要点の答えになります。

② 生物の生殖と細胞

教 p.85～p.93

1 生殖

(1) (④　　　　) 生物が子をつくること。

(2) (⑤　　　　　　) 受精によらない生殖のこと。

すべての子の形や性質(形質)は親と同じになる。

- 植物の中には，からだの一部から個体をふやす種類がある。
  例ジャガイモ，サツマイモ，イチゴ
- 単細胞生物は，体細胞分裂をすることで個体がふえる。
  例アメーバ

(3) 動物の生殖

- 雌の卵巣でつくられる(⑥　　　　)と雄の精巣でつくられる(⑦　　　　)のような，生殖のための特別な細胞を(⑧　　　　)という。生殖細胞の核が合体することを(⑨　　　　)という。
- 受精による生殖を(⑩　　　　　)という。

図４ 受精と発生

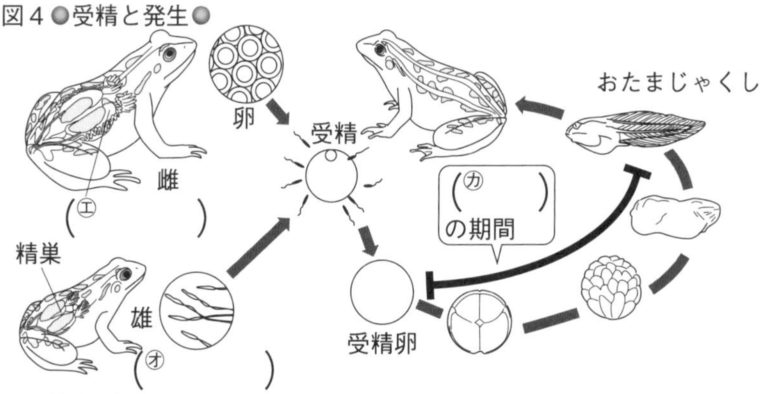

- 受精卵からからだがつくられていく過程を発生という。

(4) 被子植物の生殖

- 花粉は，めしべの柱頭につくと，(⑪　　　　)を胚珠に向かって伸ばす。精細胞は，その中を先端に向かって運ばれる。
- おしべの花粉でつくられる(⑫　　　　)と，めしべの胚珠でつくられる(⑬　　　　)が受精し，受精卵ができる。

図５

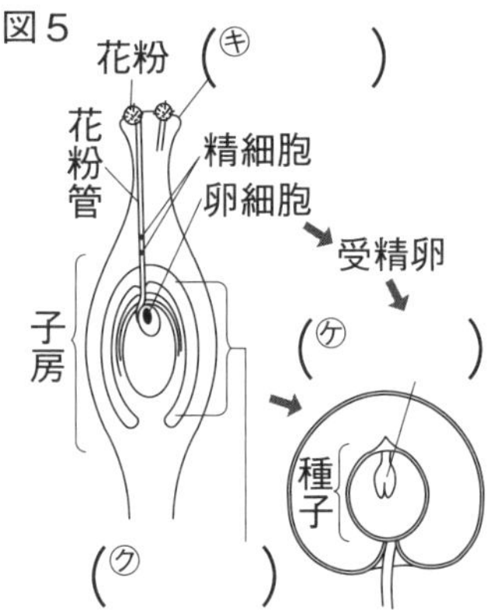

- 受精卵は体細胞分裂をくり返して胚となり，胚をふくむ胚珠全体が種子となる。種子は発芽して成長し，新しい個体ができる。

満点ミッション

④生殖
生物が子をつくること。有性生殖と無性生殖がある。

⑤無性生殖
雌雄を必要としない，受精によらない生殖。

⑥卵
雌の卵巣でつくられる生殖細胞。

⑦精子
雄の精巣でつくられる生殖細胞。

⑧生殖細胞
生殖のための特別な細胞。

⑨受精
生殖細胞の核が合体すること。

⑩有性生殖
雌と雄がかかわる，受精による生殖。

⑪花粉管
めしべの柱頭についた花粉から伸びる管。この中を精細胞が運ばれる。

⑫精細胞
植物の花粉の中でつくられる生殖細胞。

⑬卵細胞
植物のめしべの胚珠の中でつくられる生殖細胞。

テストに出る！

予想問題　第１章　生物の成長・生殖

⏱30分　/100点

1 下の図１は，タマネギの根の先端の細胞を表したものである。図２は，図１をさらに顕微鏡で拡大して観察したときのようすである。あとの問いに答えなさい。　4点×4〔16点〕

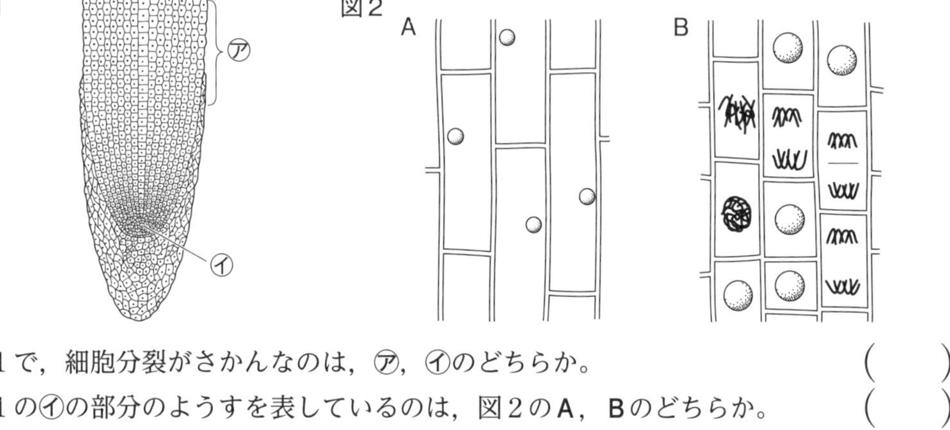

(1) 図１で，細胞分裂がさかんなのは，㋐，㋑のどちらか。　(　　)

(2) 図１の㋑の部分のようすを表しているのは，図２のＡ，Ｂのどちらか。　(　　)

(3) 図２のＢに見られるひものようなつくりを何というか。　(　　)

(4) (3)を観察しやすくするために使う液を１つ答えなさい。　(　　)

よく出る **2** 下の図は，タマネギの根で見られる細胞分裂の順序をばらばらにして表したものである。あとの問いに答えなさい。　4点×6〔24点〕

㋐　㋑　㋒　㋓　㋔　㋕

(1) 図の㋓を最初として，㋐～㋕を細胞分裂の正しい順に並べなさい。

(㋓ →　→　→　→　→　)

(2) 次の文は細胞分裂のようすを説明したものである。(　)にあてはまる言葉や数字を答えなさい。　①(　　)　②(　　)　③(　　)　④(　　)

> 細胞分裂を始める前に，核の中の(①)が複製されて数が(②)倍になる。次にこの(①)が細胞の両端に分かれ，２つの細胞になる。新しくできた細胞の(①)の数は，細胞分裂を始める前の細胞の(③)倍である。染色体の数がこのようになる細胞分裂を(④)という。

(3) 植物では，このような細胞分裂を行って細胞の数がふえるとともに，それぞれの細胞がどのように変化することで，成長しているか。　(　　)

3 受精によらない生殖について，次の問いに答えなさい。　3点×3〔9点〕

(1)　アメーバやミカヅキモなどの単細胞生物では，何を行うことで新しい個体をふやしているか。　(　　　　)

(2)　ヤマノイモのむかごからは，芽や根が出て新しい個体になる。このように，種子ではなく，からだの一部から新しい個体をふやすことができる植物をヤマノイモのほかに1つ答えなさい。　(　　　　)

(3)　(1)や(2)のような，受精によらない生殖のことを何というか。　(　　　　)

よく出る **4** 下の図1は，カエルの雄と雌がつくった生殖のための細胞を表したものである。また，図2は，図1のA，Bの細胞の核が合体したあとの変化のようすを表したものである。あとの問いに答えなさい。　3点×9〔27点〕

図1　A　B

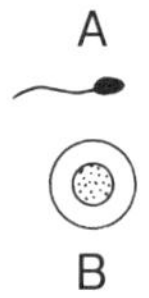

図2　㋐　㋑　㋒　㋓

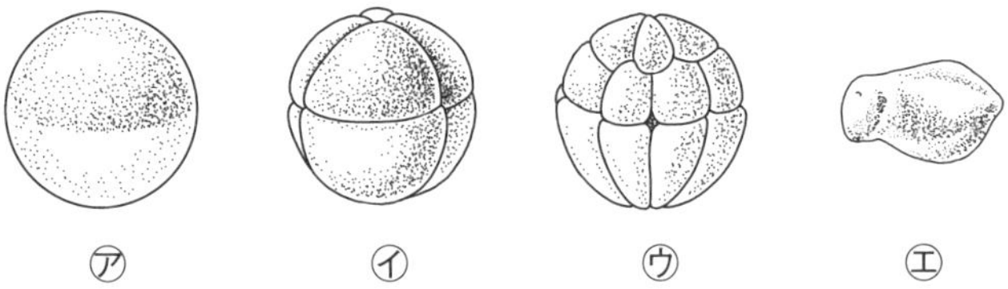

(1)　図1のA，Bの細胞をそれぞれ何というか。　A(　　　　)　B(　　　　)

(2)　図1のA，Bのような細胞を何というか。　(　　　　)

(3)　図1のAはからだの何というところでつくられるか。　(　　　　)

(4)　図1のAとBの細胞の核が合体することを何というか。　(　　　　)

(5)　(4)の結果できた図2の㋐を何というか。　(　　　　)

(6)　(4)による生殖を何というか。　(　　　　)

(7)　図2の㋑～㋓のように，㋐が体細胞分裂をくり返したものを何というか。　(　　　　)

(8)　㋐からからだがつくられていく過程を何というか。　(　　　　)

5 右の図は，被子植物の生殖について表したものである。これについて，次の問いに答えなさい。　4点×6〔24点〕

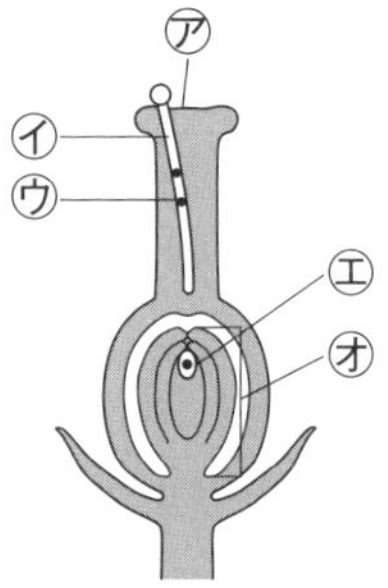

(1)　めしべの先の㋐の部分を何というか。　(　　　　)

(2)　㋐に花粉がつくことを何というか。　(　　　　)

(3)　㋑の管を何というか。　(　　　　)

(4)　㋑の中を移動する細胞㋒を何というか。　(　　　　)

(5)　胚珠の中にある細胞㋓を何というか。　(　　　　)

(6)　㋔の部分全体は，受精後，成長して何になるか。　(　　　　)

㋐　㋑　㋒　㋓　㋔

第2章　遺伝と進化

テストに出る！ ココが要点　解答 p.5

① 遺伝　教 p.95～p.97

1 染色体と遺伝子

(1) (①　　　　) 親の形質が子孫に現れること。

(2) (②　　　　) 親から子へ伝わる形質を決める要素。

(3) 染色体　染色体の数は生物の種類によって決まっている。

2 無性生殖のときの染色体の伝わり方

(1) 体細胞分裂　体細胞分裂によって，親のからだの一部から子ができる。親と子の細胞がもつ染色体の数と遺伝子は同じになるので，親と子のすべての形質は同じになる。

3 有性生殖のときの染色体の伝わり方

(1) (③　　　　) 親の細胞から生殖細胞ができるときの細胞分裂。できた生殖細胞の染色体の数は，親の細胞に比べて半分となる。生殖細胞どうしの受精によって，子の細胞の染色体の数は親と同じになる。

図1

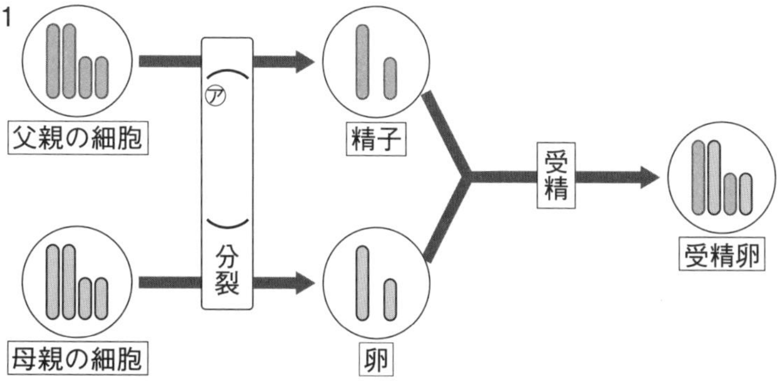

父親の細胞　(㋐　　　) 分裂　精子
母親の細胞　卵
受精　受精卵

② 遺伝の規則性と遺伝子　教 p.98～p.108

1 遺伝の規則性

(1) 対立形質　エンドウの種子の形は丸粒かしわ粒のどちらかしか現れない。このような形質どうしを(④　　　　)という。

(2) 純系　エンドウなどを自家受粉して子孫に同じ形質だけが現れるとき，このエンドウはある形質の(⑤　　　　)という。

(3) 子に現れる形質　対立形質をもつ純系の親どうしをかけ合せると，子には一方の形質だけが現れる。このとき子に現れる形質を(⑥　　　　)，現れない形質を(⑦　　　　)という。

満点★ミッション

①遺伝
親の形質が子孫に現れること。

②遺伝子
細胞の染色体にある，子に伝わる形質を決める要素。

③減数分裂
生殖細胞ができるときの細胞分裂。親の細胞の半分の染色体をもつ生殖細胞ができる。

④対立形質
エンドウの丸粒としわ粒のように，どちらかしか現れないような対になっている形質。

⑤純系
ある形質について同じ組み合わせの遺伝子をもつ個体を，その形質の純系という。

⑥顕性の形質
対立形質をもつ純系の親どうしをかけ合せたときに，子に現れる形質。優性形質ともよぶ。

⑦潜性の形質
対立形質をもつ純系の親どうしをかけ合わせたときに，子に現れない形質。劣性形質ともよぶ。

2 遺伝の規則性と遺伝子

(1) (⑧　　　　　　) 減数分裂の結果，対になっている遺伝子が分かれて別べつの生殖細胞に入ること。

図2 ●親から子●　　●子から孫●

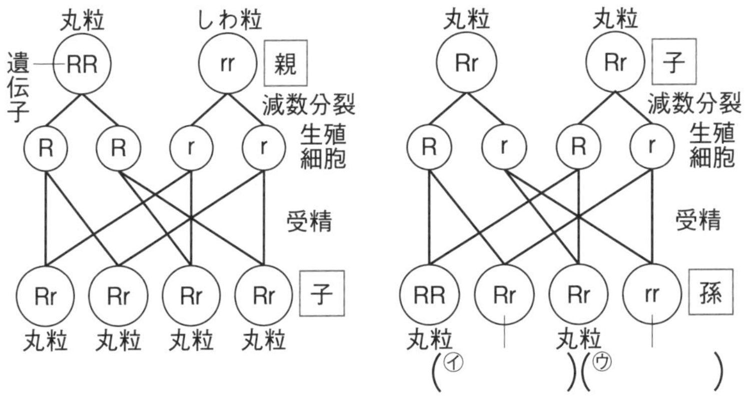

親から子：丸粒 RR（遺伝子）× しわ粒 rr（親）→ 減数分裂 → 生殖細胞 R, R, r, r → 受精 → Rr, Rr, Rr, Rr（子）丸粒 丸粒 丸粒 丸粒

子から孫：丸粒 Rr × 丸粒 Rr（子）→ 減数分裂 → 生殖細胞 R, r, R, r → 受精 → RR, Rr, Rr, rr（孫）丸粒 (⑦　　　)(⑨　　　)

（注：最後の括弧は「(㋑　　　)(㋒　　　)」）

3 遺伝子の本体

(1) 遺伝子の本体　遺伝子の本体は(⑨　　　　)(デオキシリボ核酸(かくさん))という物質で，染色体の中にふくまれる。

(2) 遺伝子組換え(くみか)技術　ある生物のDNAにほかの生物のDNAを組みこむ方法。

3 世代を重ねた生物の変化

教 p.109～p.113

1 生物の進化

(1) 生物の(⑩　　　　) 生物の形質が長い時間をかけて世代を重ねるうちに変化すること。

● 脊椎動物(せきついどうぶつ)の進化の道すじ

…魚類，両生類，は虫類，ほ乳類，鳥類と順に増えてきた。このことから，水中生活をするものから陸上生活をするものへと進化したと考えられる。

(2) (⑪　　　　　) 現在のはたらきや形が異なっていても，もともと同じであると考えられる器官のこと。生活する環境に適して進化したと考えられる。

図3 ●相同器官●

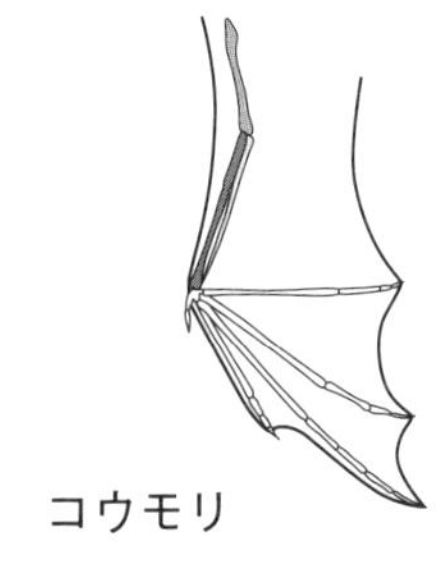

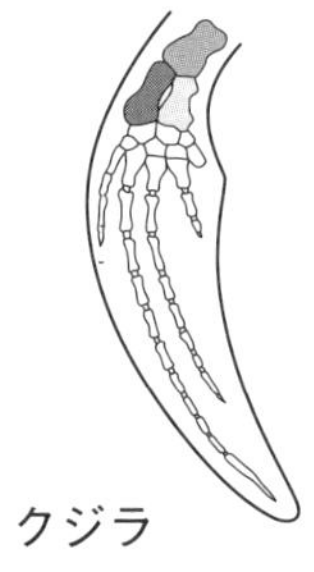

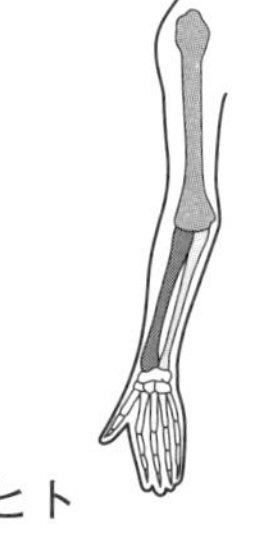

満点★ミッション

⑧分離(ぶんり)の法則
減数分裂をするとき，対になっている遺伝子が別べつの生殖細胞に入るという法則。

⑨DNA
遺伝子の本体。デオキシリボ核酸。

⑩進化
生物の形質が長い年月をかけて世代を重ねていくうちに変化すること。

⑪相同器官(そうどうきかん)
現在の形などが異なっていても，もとは同じ器官であったと考えられる器官。

テストに出る！

予想問題　第２章　遺伝と進化

/100点

1 右の図は，動物がなかまをふやすようすである。次の問いに答えなさい。　4点×3〔12点〕

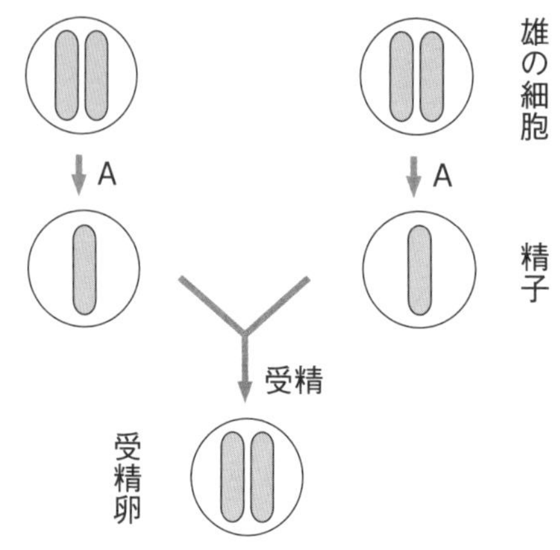

(1)　Aの細胞分裂を何というか。

(　　　　　　)

(2)　Aと受精によって，細胞の中の染色体の数は，親と子でどのようになるか。

(　　　　　　)

記述 (3)　Aと受精によって，子は両親の染色体をどのように受けつぐか。

(　　　　　　)

よく出る **2** エンドウの種子の形には丸粒のものとしわ粒のものの２つの形質がある。エンドウがもつ丸粒の形質を表す遺伝子をR，しわ粒の形質を表す遺伝子をｒとする。RRの遺伝子の組み合わせをもつ個体と，rrの遺伝子の組み合わせをもつ個体との間にできる子の遺伝子の組み合わせは，右の図１のようにすべてRrとなり，丸粒になる。図１でできた子を自家受粉させ，孫に現れる形質を調べたところ，図２のようになった。これについて，次の問いに答えなさい。

4点×7〔28点〕

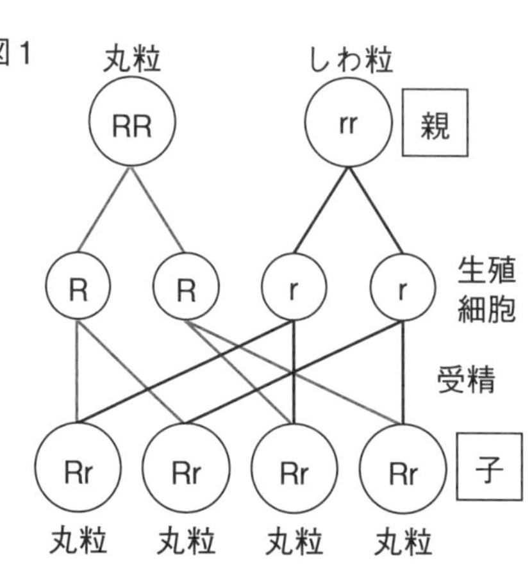

図２

	丸粒		丸粒	
子	Rr		Rr	
生殖細胞	R	r	R	r
孫	㋐	Rr	㋑	rr
	?	丸粒	?	しわ粒

(1)　親のもつ１対の遺伝子が分かれて，別べつの生殖細胞に入ることを何というか。

(　　　　　　)

(2)　顕性の形質は，丸粒としわ粒のどちらか。

(　　　　　　)

(3)　図２の㋐，㋑にあてはまる遺伝子の組み合わせを，それぞれRやｒを使って表しなさい。

㋐(　　　　)　㋑(　　　　)

(4)　図２の㋐，㋑の遺伝子の組み合わせをもつ個体の種子の形は，それぞれ丸粒か，しわ粒か。

㋐(　　　　)　㋑(　　　　)

(5)　図２で，丸粒の孫と，しわ粒の孫の個体数を整数の比で表すと，どのようになるか。

丸粒：しわ粒＝(　　　　　　)

3 遺伝を研究した人物，遺伝の規則性，遺伝子の本体，遺伝子に関する技術などについて，次の問いに答えなさい。 4点×5〔20点〕

⑴ エンドウを材料として研究し，遺伝のしくみを明らかにしたオーストリア人はだれか。次のア～エから選びなさい。 (　　)

ア メンデル　イ ドルトン　ウ ボルタ　エ ニュートン

⑵ 自家受粉によって親から子，子から孫へと，代を重ねても，ある形質が変わらないとき，これらのエンドウを何というか。 (　　　　)

⑶ 遺伝子の本体は何という物質か。次のア～エから選びなさい。 (　　)

ア PET　イ BTB　ウ DNA　エ LED

⑷ ⑶の物質を日本語で答えなさい。 (　　　　)

⑸ ある生物のDNAを人工的にほかの生物に移す技術で，医薬品の製造や農作物の改良などに用いられているものを何というか。 (　　　　)

4 下の図1は，哺乳類の骨格を比較したものである。図2は，ドイツの中世代の地層から見つかった生物の化石である。これについて，あとの問いに答えなさい。 5点×8〔40点〕

図1

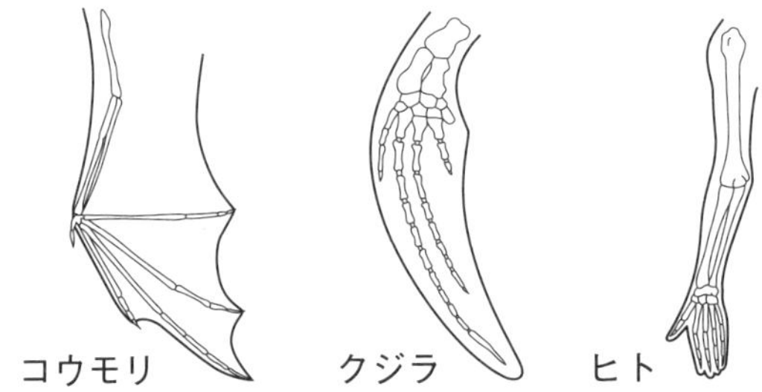

コウモリ　クジラ　ヒト

図2

⑴ コウモリのつばさ，クジラのひれ，ヒトのうでのように，現在のはたらきや形は異なるが，もともとは同じであったと考えられる器官を何というか。 (　　　　)

⑵ ⑴の器官は，生物の形質が長い時間をかけて変化してきた証拠と考えられている。生物が世代を重ねるうちに変化することを何というか。 (　　　　)

⑶ 骨格の基本的なつくりは，哺乳類と哺乳類以外の脊椎動物の間でも似ていることがあるか。 (　　　　)

⑷ 脊椎動物のなかまの中では，何類が最初に地球上に出現したと考えられているか。 (　　　　)

⑸ 図2の化石の生物は，初期の鳥類で，恐竜(は虫類)に似た特徴をもっている。この生物を何というか。 (　　　　)

⑹ 次の①～③にあてはまる動物を，下のア～エからそれぞれ選びなさい。

① 両生類に似た特徴をもつ魚類 (　　)

② は虫類に似た特徴をもつ哺乳類 (　　)

③ 鳥類に似た特徴をもつは虫類 (　　)

ア 羽毛恐竜　イ カモノハシ　ウ オーストラリアハイギョ　エ カブトガニ

3-2 生物どうしのつながり

第３章　生態系

①環境
ある生物を取り巻く外界のこと。

②生態系
ある地域に生息するすべての生物とそこに関わる環境を１つのまとまりとしてとらえたもの。

③食物連鎖
生物どうしの「食べる・食べられる」の関係のつながり。

④食物網（しょくもつもう）
食物連鎖が複雑にからみ合ったもの。

⑤生産者
無機物から有機物をつくり出す生物。

⑥消費者
生産者のつくった有機物を取り入れる生物。生産者を食べる一次消費者，それを食べる二次消費者，それを食べる三次消費者と分類できる。

⑦分解者（ぶんかいしゃ）
主に生物の死がいなどから養分を得ている生物。

テストに出る！　**ココが要点**　解答 p.7

① 生物と外界の関係　　教 p.115～p.122

1 生態系（せいたいけい）

(1) 生態系　生物を取り巻く外界を(①　　　　)という。ある環境（かんきょう）で，そこに生きるすべての生物とそれらを取り巻く環境の要素を１つのまとまりとしてとらえたものを(②　　　　)という。

(2) (③　　　　)　生物どうしの**食べる・食べられる**の関係のつながり。実際には，多くの食物連鎖（しょくもつれんさ）が網（あみ）の目のようにからみ合っていて，(④　　　　)をつくっている。

2 生態系の中での生物のはたらき

(1) (⑤　　　　)　無機物から**有機物**をつくり出すはたらきをもつ生物。光合成をする植物など。

(2) (⑥　　　　)　生産者のつくった有機物を直接的または間接的に取り入れる生物。動物など。

図１　●森林での生産者・消費者●

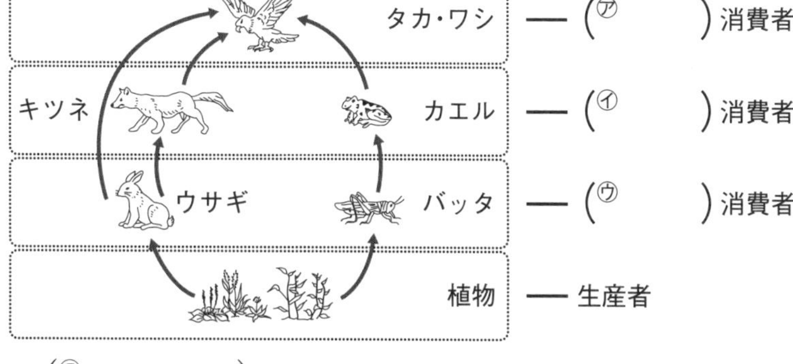

(3) (⑦　　　　)　主に生物の死がいなどから養分を得ている生物。土中の小動物や**菌類**（きんるい），**細菌類**（さいきんるい）などの微生物（びせいぶつ）。分解者のはたらきにより，ふんや死がいなどの有機物は**無機物**に分解される。

- 菌類…カビ，キノコなど。
- 細菌類…大腸菌など。

図２

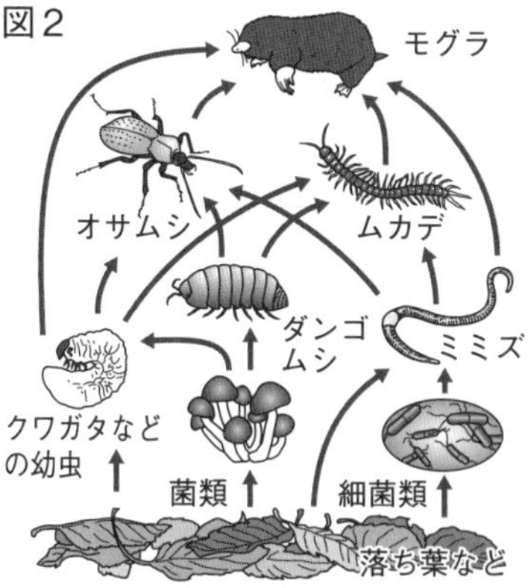

モグラ
オサムシ
ムカデ
ダンゴムシ
ミミズ
クワガタなどの幼虫
菌類
細菌類
落ち葉など

② 生物による物質の循環

教 p.123

1 物質の循環（じゅんかん）

(1) 物質の循環　生産者によって無機物から有機物がつくられ，消費者はこの有機物を利用する。死がいや排出物（はいしゅつぶつ）となった有機物は，分解者によって無機物に分解される。このように炭素や酸素の一部は，生物のはたらきによって（⑧　　　　）している。

図３　→ 有機物の流れ　⇢ 酸素の流れ　→ 二酸化炭素の流れ

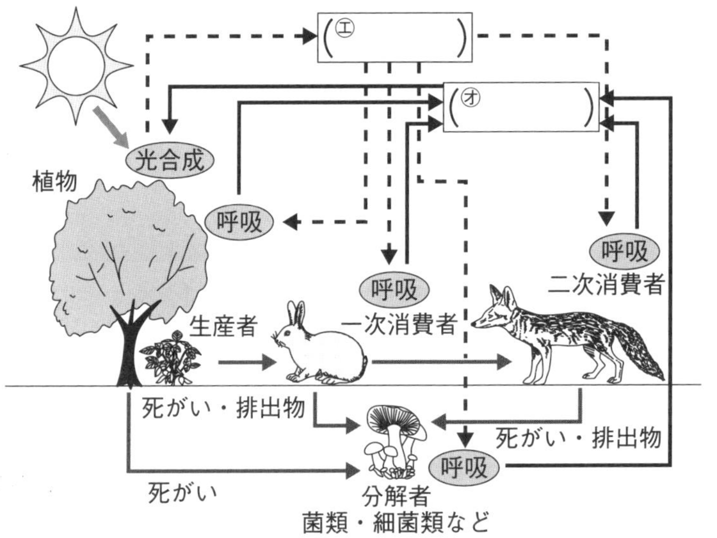

③ 自然界における生物の増減

教 p.124～p.127

1 生物量

(1) 生物量の関係　ある範囲（はんい）内で生きる生産者と，一次消費者，二次消費者，三次消費者の（⑨　　　　　　）を食物連鎖の順に重ねると，ピラミッドの形になる。

(2) 生物量のつり合い　自然界では，ある生物の生物量が増減しても，再びつり合いのとれた状態になる。

図４ 生物量のつり合い

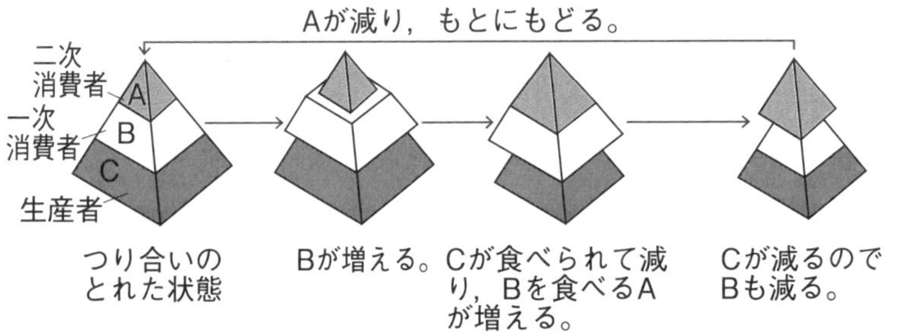

満点★ミッション

⑧循環
生態系の中で物質が消費や放出，合成や分解されながら移動していくこと。

⑨生物量
生物の集まりを質量などで表した値。生態系では，それぞれの生物の間で生物量のつり合いを保ちながら多くの生物が共存している。

ポイント
ふつう，生態系ではある生物がふえたり，減ったりしても，時間がたつともとにもどり，つり合いが保たれる。

テストに出る！

予想問題　第３章　生態系

30分　/100点

1 右の図は，ある地域の生物の関係を表したものである。これについて，次の問いに答えなさい。　4点×4〔16点〕

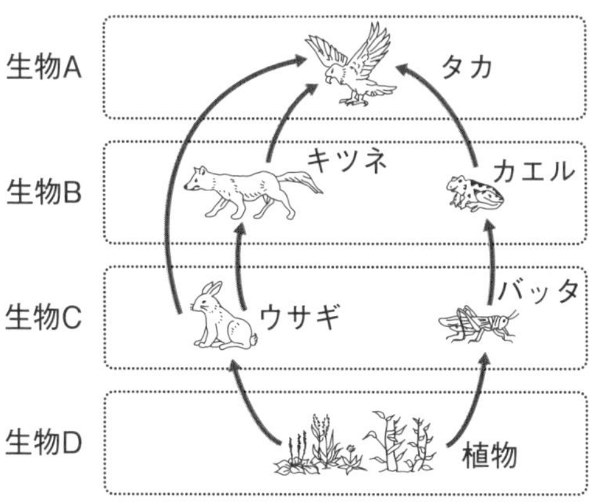

(1) 図のような，生物どうしの「食べる・食べられる」の関係のつながりを何というか。
(　　　　　　　)

(2) 自然界では多くの(1)がからみ合い網の目のようになっている。これを何というか。
(　　　　　　　)

(3) 生物A～Cは，生物Dがつくった有機物を消費している。このようなはたらきをする生物を何というか。
(　　　　　　　)

(4) 生物Dは，無機物から有機物を生産している。このようなはたらきをする生物を何というか。
(　　　　　　　)

2 右の図のように，Aのビーカーには落ち葉の下から採取した土を，Bのビーカーには採取したあと十分に加熱した土を入れ，それぞれ水を入れてかき混ぜた。しばらく置いてからそれぞれの上ずみ液を取り，うすいデンプン液を加え，ビーカーの口をアルミニウムはくでおおっておいた。これについて，次の問いに答えなさい。　4点×4〔16点〕

(1) ２～３日後，A，Bのビーカーの液を試験管に少量取り，それぞれにヨウ素液を加えた。ヨウ素液の色はそれぞれどのようになるか。

A (　　　　　　　)
B (　　　　　　　)

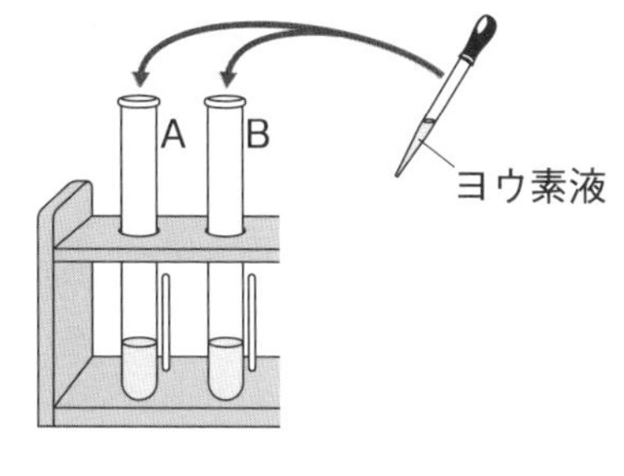

(2) 次の文の(　)にあてはまる言葉を答えなさい。

① (　　　　　　　)
② (　　　　　　　)

ヨウ素液を加えても変化がなかったビーカーは，液の中に(①)がなくなっている。これは，土中にいた(②)が，(①)を分解したためと考えられる。

3 土中の生物について，次の問いに答えなさい。　4点×6〔24点〕

⑴ 右の図の小動物の名称を，次のア～エからそれぞれ選びなさい。　A（　）　B（　）　C（　）　D（　）

A　B　C　D

ア　ダンゴムシ　　イ　クワガタ(の幼虫)
ウ　ムカデ　　エ　ミミズ

⑵ A，Dのうち，落ち葉などを食べるものはどちらか。（　）

⑶ ⑵のように，落ち葉や生物の死がいやふんなどから養分を得ている生物を何というか。（　）

よく出る **4** 右の図は，ある地域の生物のつながりと，炭素と酸素の循環を表したものである。これについて，次の問いに答えなさい。　3点×8〔24点〕

⑴ ①，②はともに空気中に存在する気体である。それぞれの気体の名前を答えなさい。
①（　）　②（　）

⑵ ㋐，㋑はそれぞれ生物Aの何という活動による移動を表しているか。
㋐（　）
㋑（　）

⑶ 生物A～Dは，それぞれ分解者，生産者，消費者のどれにあたるか。
A（　）　B（　）
C（　）　D（　）

①
②
㋐
㋑
生物A
生物B
生物C
死がいや排出物
生物D

よく出る **5** 右の図は，ある場所における生物の生物量の関係を表している。これについて，次の問いに答えなさい。　4点×5〔20点〕

⑴ 図のA～Dにあてはまる生物を，それぞれ次のア～エから選びなさい。
A（　）　B（　）
C（　）　D（　）

生物A
生物B
生物C
生物D

ア　エノコログサ　　イ　タカ
ウ　モズ　　エ　トノサマバッタ

⑵ 何らかの原因により，生物Bの生物量が急激に増えたとする。再びつり合いのとれた状態になるまでに，それぞれの生物の生物量はどのような順に増減するか。次のア～エを正しい順に並べなさい。（　→　→　→　）

ア　生物Cが減り，生物Aが増える。　　イ　生物Aが減り，生物Cが増える。
ウ　生物Dが増え，生物Bが減る。　　エ　生物Dが減る。

第1章　水溶液とイオン

テストに出る！ ココが要点　解答 p.8

① 電解質と非電解質　教 p.135～p.139

1 水溶液に電流が流れるか調べる実験

図1

水溶液の種類	電流
塩化ナトリウム水溶液	(㋐　　)
うすい塩酸	(㋑　　)
塩化銅水溶液	○
エタノール水溶液	×
砂糖水	×

○…流れた　×…流れなかった

(1) (①　　　　) 水に溶けたときに電流が流れる物質。
(2) (②　　　　) 水に溶けても電流が流れない物質。

② イオン　教 p.139～p.151

1 原子の構造

(1) (③　　　　) 原子核と電子からできている。
(2) (④　　　　) 原子の中心にあり，＋の電気をもつ(⑤　　　)と，電気をもたない(⑥　　　)からなる。

図2 ●原子の構造●

(3) 電子　－の電気をもつ。陽子1個がもつ＋の電気の量と電子1個がもつ－の電気の量は等しく，原子の中の陽子と電子の数は等しいため，原子全体としては電気を帯びていない。
(4) 同位体　原子核の陽子の数が同じで中性子の数が異なる原子。同位体どうしの性質はほぼ同じ。
(5) (⑦　　　　) 電子を放出して，＋の電気を帯びた原子。
(6) (⑧　　　　) 電子を受け取り，－の電気を帯びた原子。

図3

満点★ミッション

①電解質　水に溶けたときに電流が流れる物質。塩化ナトリウム，塩化水素，塩化銅など。

②非電解質　水に溶けても電流が流れない物質。砂糖，エタノールなど。

③原子　中心に原子核があり，そのまわりに電子が存在するもの。

④原子核　陽子と中性子が集まってできているもの。

⑤陽子　原子核をつくっている，＋の電気をもつもの。

⑥中性子　原子核をつくっている，電気をもたないもの。

⑦陽イオン　原子が電子を放出し，＋の電気を帯びたもの。

⑧陰イオン　原子が電子を受け取り，－の電気を帯びたもの。

ココが要点の答えになります。

2 電気分解

図4

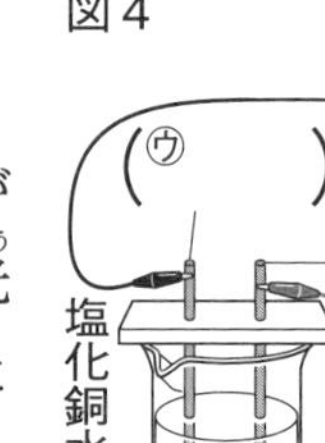

(1) 塩化銅水溶液の電気分解

- 陰極…表面に赤色の物質が付着する。こすると金属光沢が現れることから，銅とわかる。
- 陽極…表面から気体が発生する。特有のにおいから（⑨　　　　）とわかる。
- 化学反応式　$CuCl_2 \longrightarrow$（⑩　　　）＋ Cl_2

(2) 塩化鉄水溶液の電気分解

- 陰極の表面には鉄が付着し，陽極では塩素が発生する。
- 化学反応式　$FeCl_2 \longrightarrow Fe + Cl_2$

(3) 塩酸の電気分解

図5

（オ　　）が発生する。　ゴムせん　（カ　　）が発生する。　陰極　陽極　塩酸　電源装置

- 陰極で水素，陽極で塩素が発生する。
- 化学反応式

$2HCl \longrightarrow H_2 + Cl_2$

(4) 電極をつなぎ変える

陰極と陽極で生じる物質は変わらない。

3 イオンの化学式

(1) イオンの表し方　元素記号の右上に＋や－の記号をつけて表す。

(2) （⑪　　　　　）物質が水溶液中で，陽イオンと陰イオンに分かれること。

イオン名	化学式
水素イオン	H^+
ナトリウムイオン	（キ　　）
銅イオン	（ク　　）
鉄イオン	Fe^{2+}
塩化物イオン	（ケ　　）

・塩化水素の電離

HCl（塩化水素） ⟶ （コ　　）（水素イオン） ＋ （サ　　）（塩化物イオン）

・塩化ナトリウムの電離

NaCl（塩化ナトリウム） ⟶ Na^+（ナトリウムイオン） ＋ Cl^-（塩化物イオン）

・塩化銅の電離

$CuCl_2$（塩化銅） ⟶ （シ　　）（銅イオン） ＋ $2Cl^-$（塩化物イオン）

満点★ミッション

⑨塩素
プールの消毒剤のようなにおいがする気体。化学式はCl_2。

⑩Cu
銅の化学式。

⑪電離
電解質が水にとけて陽イオンと陰イオンに分かれること。

ポイント

塩素
陽極付近の液に赤インクをたらすと色が消えることからでも判断できる。

ポイント

イオンの表し方
電子を1個放出すると＋，2個放出すると2＋，電子を1個受けと取ると－を，元素記号の右上につける。

テストに出る！
予想問題　第1章　水溶液とイオン

30分　/100点

1 右の図のような装置を組み立て，いろいろな液体に電流が流れるかどうかを調べた。調べた液体は，次の７つである。あとの問いに答えなさい。　3点×6〔18点〕

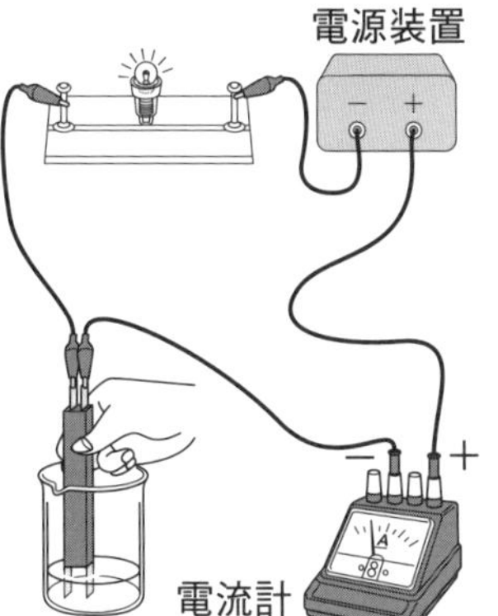

蒸留水　塩酸　水酸化ナトリウム水溶液
砂糖水　塩化ナトリウム水溶液　塩化銅水溶液
エタノール水溶液

(1) 実験の方法について，次のア～ウから正しいものをすべて選びなさい。（　　）

ア　液体を１回調べるごとに，電極をアルコールで洗って消毒する。

イ　液体を１回調べるごとに，電極を蒸留水で洗う。

ウ　豆電球に明かりがつくかどうかを見るだけではなく，電流計の針が振れるかどうかも見て電流が流れているかどうかを確かめる。

(2) 調べた液体の中で，電流が流れるものはどれか。４つ答えなさい。
（　　）（　　）
（　　）（　　）

記述 (3) 電解質とは何か。簡単に答えなさい。
（　　）

2 右の図は，ヘリウム原子の構造を表したものである。これについて，次の問いに答えなさい。　4点×4〔16点〕

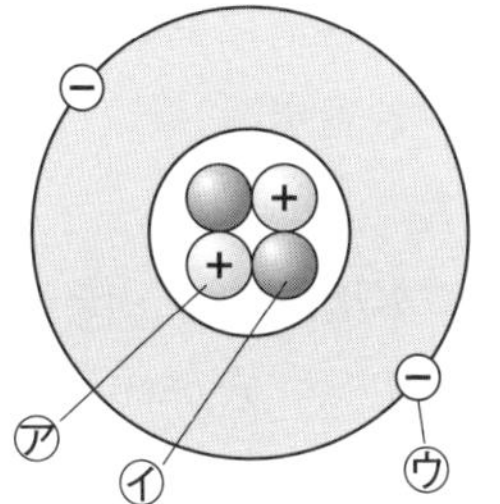

(1) 図の㋐～㋒の名称をそれぞれ答えなさい。
㋐（　　）　㋑（　　）　㋒（　　）

(2) 原子の中心にあり，㋐と㋑が集まっているものを何というか。
（　　）

3 右の図のような装置に電源装置をつなぎ，塩化銅水溶液に電流を流した。次の問いに答えなさい。　3点×4〔12点〕

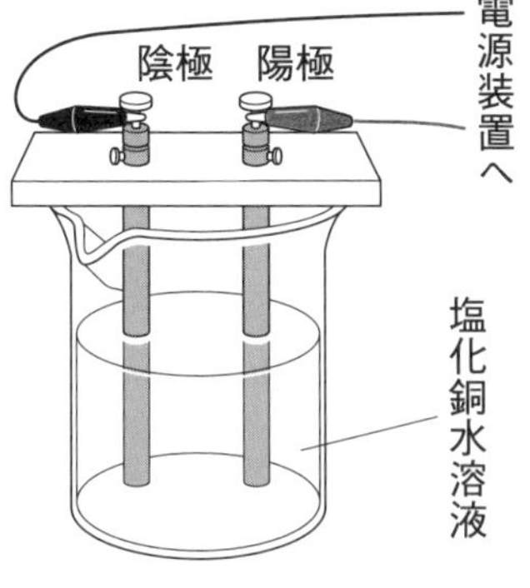

(1) 陰極とは，電源装置の＋極と－極のどちらにつないだ電極のことか。（　　）

(2) 陰極と陽極のそれぞれで生じた物質の名称を答えなさい。
陰極（　　）　陽極（　　）

(3) 電流を流したときの変化を，化学反応式で表しなさい。
（　　）

よく出る **4** 右の図のような装置を組み立て，塩酸に電流を流した。次の問いに答えなさい。　4点×6〔24点〕

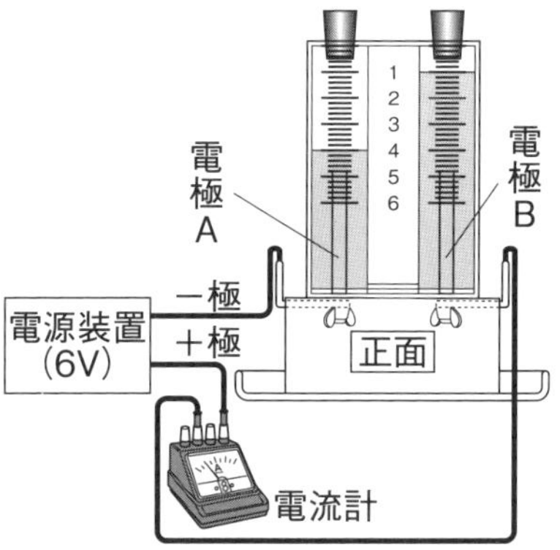

(1) 電極Aと電極Bではどのような変化が見られるか。次のア～エからそれぞれ選びなさい。

電極A（　　）　電極B（　　）

ア　赤色の物質が電極に付着する。
イ　銀色の物質が電極に付着する。
ウ　気体が発生する。
エ　白い粉のような物質が生じる。

電極A　電極B　1 2 3 4 5 6　−極　+極　電源装置(6V)　正面　電流計

(2) 電極Bで生じた物質には，においがあるか。（　　　）

(3) 電極Bで生じた物質を化学式で表しなさい。（　　　）

(4) 電流を流すことで化合物を分解することを何というか。（　　　）

(5) 電極Aにはどのような物質が現れるか。次のア，イから正しいものを選びなさい。（　　）

ア　陽イオンからできる物質　　イ　陰イオンからできる物質

5 塩化銅を水に溶かすと，右の図1のように水溶液中で銅イオンと塩化物イオンに分かれる。これについて，次の問いに答えなさい。　3点×10〔30点〕

図1
Cl^-　Cu^{2+}　Cl^-　Cl^-　Cu^{2+}　Cl^- 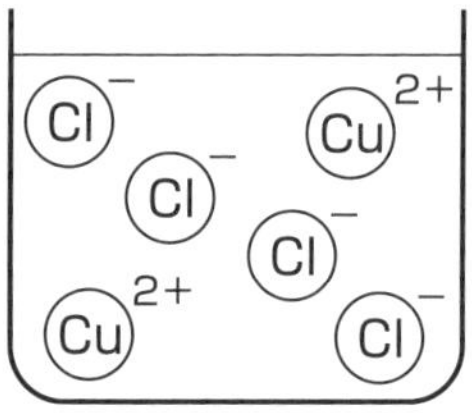

(1) 電解質が水溶液中で陽イオンと陰イオンに分かれることを何というか。（　　　）

記述 (2) 銅イオンや塩化物イオンは，何原子がどのようになってできるか。それぞれ簡単に答えなさい。

銅イオン（　　　）
塩化物イオン（　　　）

(3) 次のイオンを，イオンの化学式で表しなさい。

① 水素イオン（　　　）
② 銅イオン（　　　）

図2
㋐ Na^+　Cl^-　Cl^-　Na^+ 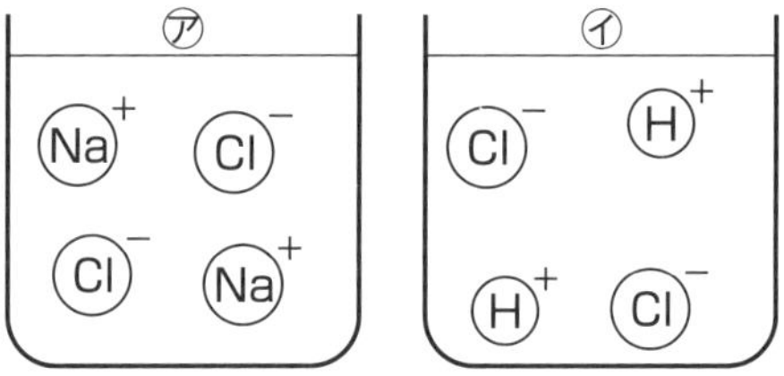
㋑ Cl^-　H^+　H^+　Cl^-

(4) 右の図2は，ある物質が水に溶けたときのようすを表したものである。水溶液㋐，㋑に溶けている電解質は何か。物質の名称を答えなさい。

㋐（　　　）
㋑（　　　）

(5) 次の物質が水溶液中で分かれるようすを，イオンの化学式を使って表しなさい。

① 塩化銅（　　　）
② 塩化水素（　　　）
③ 塩化ナトリウム（　　　）

第2章　酸・アルカリとイオン

①リトマス紙
酸性では青色が赤色に，アルカリ性では赤色が青色に変わる試験紙。

②BTB溶液
酸性で黄色，中性で緑色，アルカリ性で青色を示す試薬。

③フェノールフタレイン溶液
アルカリ性の水溶液に入れると，赤色を示す試薬。

④pH(ピー・エイチ)
酸性やアルカリ性の強さを表す数値。水溶液が中性のとき7で，酸性では7より小さく，アルカリ性では7より大きくなる。

⑤水素イオン
酸が電離したときに生じる陽イオン。酸性の性質を示す。

⑥水酸化物イオン
アルカリが電離したときに生じる陰イオン。アルカリ性の性質を示す。

テストに出る！ ココが要点　解答 p.9

① 酸とアルカリ　教 p.153～p.154

1 酸性とアルカリ性

(1)　酸性の水溶液　例塩酸，硫酸(りゅうさん)

- 青色（①　　　　）を赤色に変える。
- 緑色の（②　　　　）を黄色に変える。
- マグネシウムを入れると，水素が発生する。

(2)　アルカリ性の水溶液　例水酸化ナトリウム水溶液

- 赤色リトマス紙を青色に変える。
- 緑色のBTB溶液を青色に変える。
- （③　　　　）を赤色に変える。

2 酸性・アルカリ性の強さの表し方

(1)　（④　　　）　酸性やアルカリ性の強さを表す数値。

- 水溶液が酸性のとき，pHは7より小さくなる。
- 水溶液が中性のとき，pHは7になる。
- 水溶液がアルカリ性のとき，pHは7より大きくなる。

② 酸・アルカリの正体　教 p.155～p.162

1 酸・アルカリとイオン

(1)　酸性の水溶液中での電離

- $HCl \longrightarrow H^+ + Cl^-$
- $H_2SO_4 \longrightarrow 2H^+ + SO_4^{2-}$

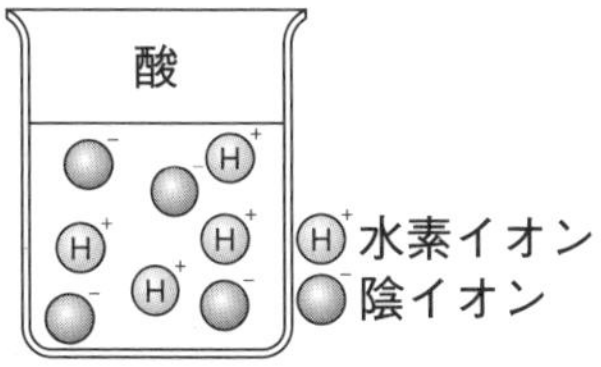

(2)　酸　水に溶けて電離して，（⑤　　　　）を生じる化合物。

図1
酸
H 水素イオン
陰イオン

酸 —電離→ 水素イオンH^+ ＋ 陰イオン

(3)　アルカリ性の水溶液中での電離

- $NaOH \longrightarrow Na^+ + OH^-$
- $KOH \longrightarrow K^+ + OH^-$

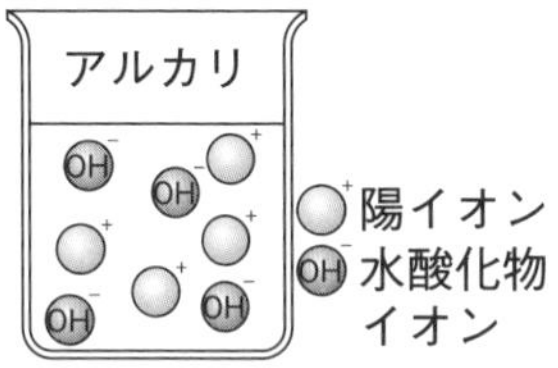

(4)　アルカリ　水に溶けて電離して，（⑥　　　　）を生じる化合物。

図2
アルカリ
陽イオン
OH 水酸化物イオン

アルカリ —電離→ 陽イオン ＋ 水酸化物イオンOH^-

ココが要点の答えになります。

③ 中和

教 p.163～p.169

1 中和（ちゅうわ）

(1) (⑦　　　　) 酸性の水溶液とアルカリ性の水溶液を混ぜたときに起こる，たがいの性質を打ち消し合う化学変化。

$H^+ + OH^- \longrightarrow H_2O$

酸の**水素イオン**とアルカリの**水酸化物イオン**から**水**ができる。

図3

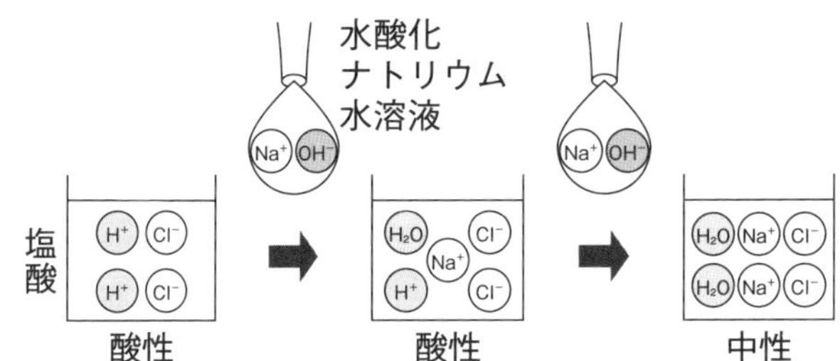

(2) 中和と水溶液の性質　酸性の水溶液とアルカリ性の水溶液を混ぜると**中和**が起こるが，混合液が必ず中性になるわけではない。

- 水素イオンが余るとき…酸性を示す。
- 水酸化物イオンが余るとき…アルカリ性を示す。
- 水素イオンも水酸化物イオンも余らないとき
…中性を示す。

2 塩（えん）

(1) (⑧　　　　) アルカリの**陽イオン**と酸の**陰イオン**が結びついてできる化合物。

(2) 塩の例と中和における塩のでき方

- 塩には水に溶けやすい塩と水に溶けにくい塩がある。
溶けやすい塩：塩化ナトリウム
溶けにくい塩：硫酸バリウム(白い沈殿（ちんでん）)
- 塩酸と水酸化ナトリウム水溶液の中和

$HCl \longrightarrow H^+ + Cl^-$

$NaOH \longrightarrow Na^+ + OH^-$

$HCl + NaOH \longrightarrow NaCl + H_2O$

塩酸　水塩化ナトリウム　　塩化ナトリウム　水

酸 + アルカリ ⟶ (㋐　　　) + 水

NaClは水溶液中でNa^+とCl^-に電離している。水を蒸発させるとNaClの結晶（けっしょう）が得られる。

- 硫酸と水酸化バリウム水溶液の中和

$H_2SO_4 + Ba(OH)_2 \longrightarrow$ (㋑　　　　) $+ 2H_2O$

硫酸　水酸化バリウム　硫酸バリウム　水

酸　アルカリ ⟶ + 塩 沈殿する　水

満点★ミッション

⑦**中和**
酸のH^+とアルカリのOH^-とが結びついて，水H_2Oになる。

⑧**塩**
アルカリの陽イオンと酸の陰イオンが結びついた化合物。

ポイント
中和が起こるときに水と同時に塩ができる。

テストに出る！

予想問題　第２章　酸・アルカリとイオン－①

30分　/100点

1 下のア～オの５種類の水溶液について，図１のように，リトマス紙につけたり，緑色のBTB溶液を入れたりしたときの色の変化を調べた。また，図２のようにマグネシウムリボンを入れて出てくる気体を調べた。これについて，あとの問いに答えなさい。 3点×12〔36点〕

ア　塩酸　　イ　水酸化ナトリウム水溶液　　ウ　硫酸
エ　水酸化カリウム水溶液　　オ　塩化ナトリウム水溶液

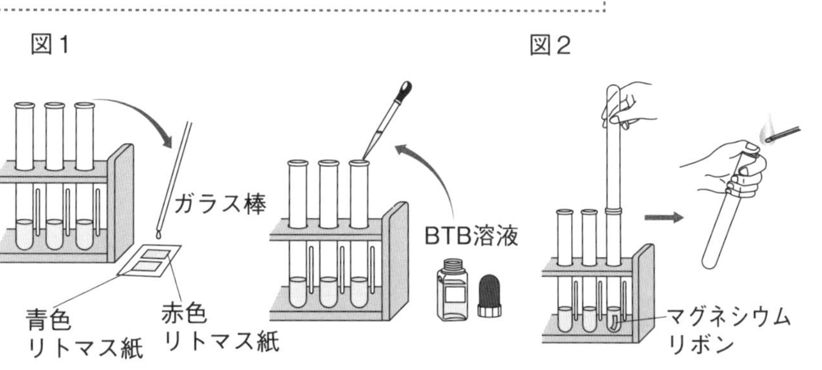

(1) 青色リトマス紙を赤色に変えた水溶液はどれか。**ア**～**オ**からすべて選びなさい。（　　　）

(2) (1)で選んだ水溶液は，酸性，中性，アルカリ性のどれか。（　　　）

(3) (1)で選んだ水溶液に緑色のBTB溶液を入れると何色になるか。（　　　）

(4) (1)で選んだ水溶液に共通してふくまれているイオンは何か。名称を答えなさい。（　　　）

(5) 赤色リトマス紙を青色に変えた水溶液はどれか。**ア**～**オ**からすべて選びなさい。（　　　）

(6) (5)で選んだ水溶液は，酸性，中性，アルカリ性のどれか。（　　　）

(7) (5)で選んだ水溶液に緑色のBTB溶液を入れると何色になるか。（　　　）

(8) (5)で選んだ水溶液に共通してふくまれているイオンは何か。名称を答えなさい。（　　　）

(9) (5)で選んだ水溶液にフェノールフタレイン溶液を加えるとどのようになるか。（　　　）

(10) マグネシウムリボンを入れたとき，気体が発生した水溶液はどれか。**ア**～**オ**からすべて選びなさい。（　　　）

記述 (11) (10)で発生した気体を，図２のようにして試験管に集め，マッチの火を近づけた。このとき，気体はどのようになるか。（　　　）

(12) (10)で発生した気体は何か。（　　　）

2 水溶液の酸性やアルカリ性の強さの表し方について，次の問いに答えなさい。

6点×4〔24点〕

(1) 酸性やアルカリ性の強さは，何という数値で表されるか。 (　　　　)

(2) 水溶液が中性のとき，(1)の値は何になるか。 (　　　　)

記述 (3) 水溶液の(1)の値が(2)よりも大きくなるにしたがって，水溶液の性質はどのようになるか。

(　　　　　　　　　　)

(4) 水に溶かしたときに，その水溶液が酸性を示す物質のことを何というか。

(　　　　)

よく出る **3** 右の図のように，スライドガラスの上に，食塩水をしみこませたろ紙とリトマス紙をのせ，両端(りょうたん)に電極をつないで電圧をかけた。ただし，食塩水は中性で，電流を流れやすくするために用いた。次の問いに答えなさい。

5点×8〔40点〕

図1

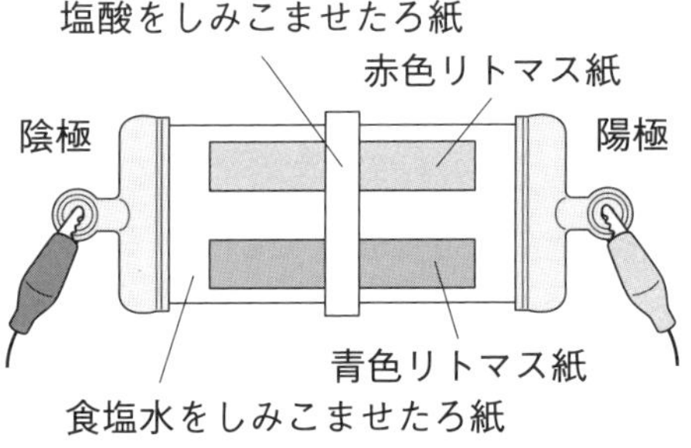

図2

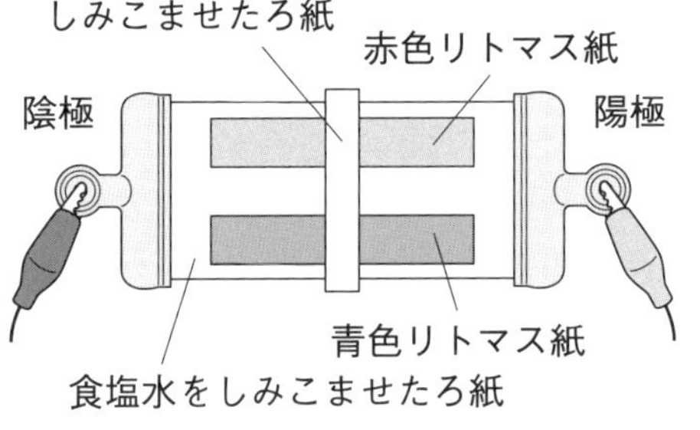

(1) 図1のように塩酸をしみこませたろ紙を置いたところ，色の変化が見られたのは，赤色リトマス紙か，青色リトマス紙か。

(　　　　)

(2) 図1で，リトマス紙に色の変化が見られたのは，塩酸をしみこませたろ紙の陰極側か，陽極側か。

(　　　　)

(3) 図1で，塩酸をしみこませたろ紙から移動してリトマス紙の色を変化させたものは，＋と－のどちらの電気を帯びているか。

(　　　　)

(4) 図1で，リトマス紙の色を変化させたものは何か。イオンの化学式で表しなさい。 (　　　　)

(5) 図2のように水酸化ナトリウム水溶液をしみこませたろ紙を置いたところ，色の変化が見られたのは，赤色リトマス紙か，青色リトマス紙か。 (　　　　)

(6) 図2で，リトマス紙に色の変化が見られたのは，水酸化ナトリウム水溶液をしみこませたろ紙の陰極側か，陽極側か。 (　　　　)

(7) 図2で，水酸化ナトリウム水溶液をしみこませたろ紙から移動してリトマス紙の色を変化させたものは，＋と－のどちらの電気を帯びているか。 (　　　　)

(8) 図2で，リトマス紙の色を変化させたものは何か。イオンの化学式で表しなさい。

(　　　　)

テストに出る！

予想問題　第2章　酸・アルカリとイオン―②

⏱30分　/100点

1 次の問いに答えなさい。　4点×4〔16点〕

(1) 次の物質が電離するようすを，イオンの化学式を使って表しなさい。

① 水酸化カリウム(KOH)
(　　　　)

② 水酸化ナトリウム(NaOH)
(　　　　)

③ 硝酸(HNO_3)
(　　　　)

(2) 塩酸と水酸化ナトリウム水溶液の中和でできる塩を化学式で表しなさい。
(　　　　)

2 右の図のように，Aの試験管に水酸化バリウム水溶液を10cm³とり，BTB溶液を数滴(てき)加えておいた。次に，試験管Aに硫酸を少しずつ加えていき，それぞれを㋐，㋑，㋒とした。このとき，㋑は緑色を示した。これについて，次の問いに答えなさい。　5点×8〔40点〕

A　㋐　㋑　㋒
水酸化バリウム水溶液(10cm³)

(1) ㋐，㋒の水溶液はそれぞれ何色を示すか。
㋐(　　　　)
㋒(　　　　)

(2) 試験管Aに硫酸を加えると，白い沈殿が生じた。この沈殿は何という物質か。物質名を答えなさい。(　　　　)

(3) (2)の物質について，次のア～エから正しいものを選びなさい。(　　)

ア　この物質は水に溶けやすい塩である。
イ　この物質は水に溶けやすいが，塩ではない。
ウ　この物質は水に溶けにくいので，塩ではない。
エ　この物質は水に溶けにくい塩である。

(4) 硫酸(H_2SO_4)が電離するようすを，イオンの化学式を使って表しなさい。
(　　　　)

(5) 沈殿ができるときの化学反応式は，次のように表せる。①にあてはまる化学式，②にあてはまる数字を答えなさい。　①(　　　　)　②(　　)

$$H_2SO_4 + Ba(OH)_2 \longrightarrow (\ ①\ ) + (\ ②\ )H_2O$$

記述 (6) 中和とは，何と何が結びついて水になる化学変化か。
(　　　　)

よく出る **3** 下の図は，塩酸に水酸化ナトリウム水溶液を少しずつ加えたときのイオンとできた水のようすを模式的に表したものである。あとの問いに答えなさい。　4点×11〔44点〕

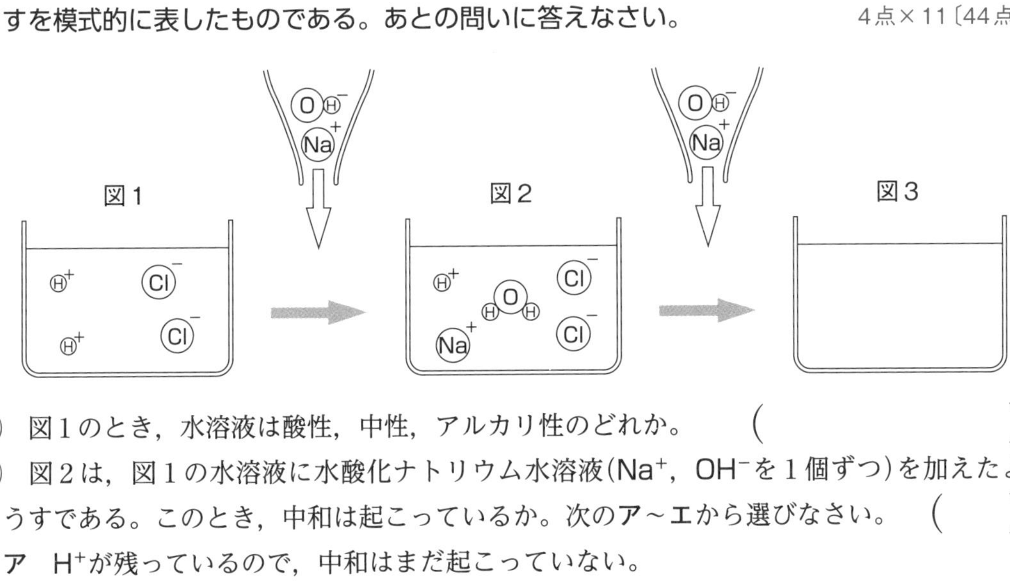

(1)　図1のとき，水溶液は酸性，中性，アルカリ性のどれか。　(　　　　)

(2)　図2は，図1の水溶液に水酸化ナトリウム水溶液(Na^+，OH^-を1個ずつ)を加えたようすである。このとき，中和は起こっているか。次の**ア**〜**エ**から選びなさい。　(　　)

ア　H^+が残っているので，中和はまだ起こっていない。

イ　OH^-がないので，中和はまだ起こっていない。

ウ　H_2Oが新たにできているので，中和は起こっている。

エ　Na^+とCl^-ができているので，中和は起こっている。

(3)　図2のとき，水溶液は酸性，中性，アルカリ性のどれか。　(　　　　)

(4)　図3に，図2の水溶液にさらに水酸化ナトリウム水溶液(Na^+，OH^-を1個ずつ)を加えたようすを表すとすると，水溶液中のイオンとできた水はどのようになるか。次の㋐〜㋓から選びなさい。　(　　)

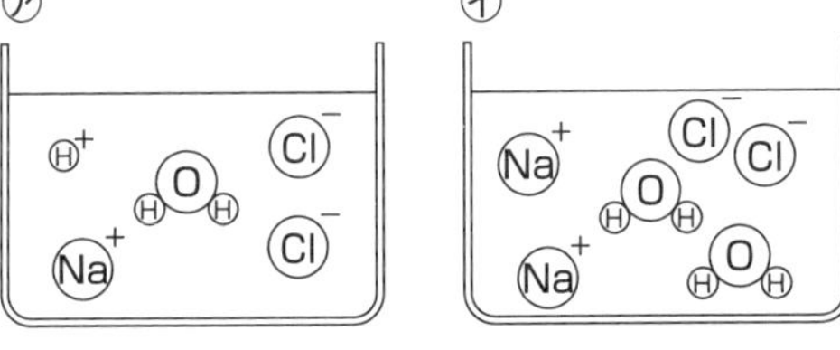

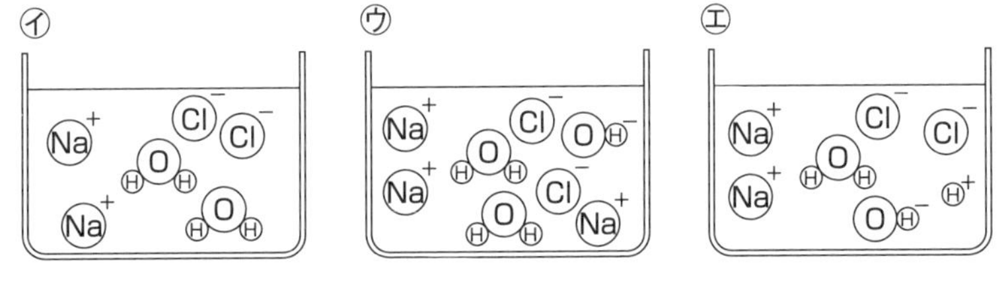

(5)　(4)のとき，中和は起こっているか。(2)の**ア**〜**エ**から選びなさい。　(　　)

(6)　図3のとき，水溶液は酸性，中性，アルカリ性のどれか。　(　　　　)

(7)　図3の水溶液に，さらに水酸化ナトリウム水溶液(Na^+，OH^-を1個ずつ)を加えたとき，水溶液中のイオンとできた水はどのようになるか。(4)の㋐〜㋓から選びなさい。　(　　)

(8)　(7)のとき，中和は起こっているか。　(　　　　)

(9)　(7)でできた水溶液は，酸性，中性，アルカリ性のどれか。　(　　　　)

(10)　水溶液中で数が変化していないイオンは何か。名称を答えなさい。
(　　　　)

記述 (11)　中和が起こるときにできる塩とは，何と何が結びついてできた化合物か。
(　　　　　　　　)

3-3 化学変化とイオン

第3章　電池とイオン

テストに出る！ ココが要点　解答 p.11

① 化学電池の原理

教 p.171〜p.177

1 イオンへのなりやすさ

(1)　イオンへのなりやすさを調べる実験　3種類の金属に，塩化マグネシウム水溶液，塩化鉄水溶液，塩化銅水溶液を数滴たらすと，表のようになった。

	マグネシウムリボン	鉄板	銅板
塩化マグネシウム水溶液	×	×	×
塩化鉄水溶液	○	×	×
塩化銅水溶液	○	(㋐　　)	×

○…金属板に物質が付着した。　×…変化がなかった。

- 金属は種類によって，イオンへのなりやすさがちがう。
- イオンになりやすい金属は，(①　　　　)を放出し，陽イオンになって水溶液中に溶ける。
- 水溶液中のイオンになりにくい金属イオンは，電子を受け取り金属原子になる。
- 銅，鉄，マグネシウムのイオンへのなりやすさの順は，マグネシウム，鉄，銅である。

2 化学電池

(1)　(②　　　　)　化学変化によって，電流を取り出すことができる装置。化学エネルギーを電気エネルギーに変換する。

(2)　(③　　　　)　硫酸銅水溶液に銅，硫酸亜鉛水溶液に亜鉛を入れ，セロファンを使ってつくった電池。

図1 ● ダニエル電池 ●

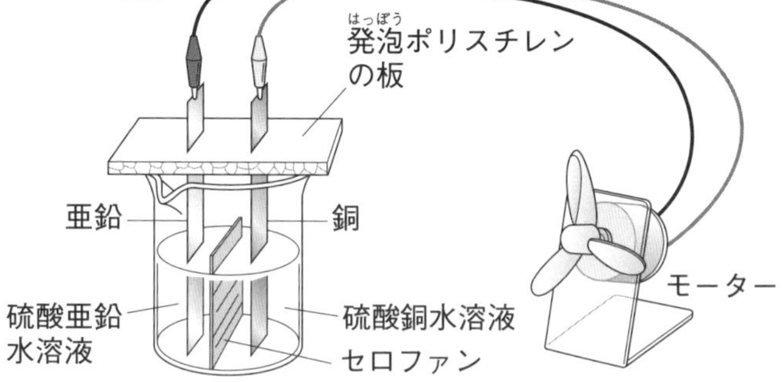

満点★ミッション

①電子
金属が陽イオンになるときに放出される。

ポイント
化学電池は，金属のイオンへのなりやすさのちがいを利用している。

②化学電池
電極で起こる化学変化により，電流を取り出す装置。

③ダニエル電池
亜鉛の電極が－極，銅の電極が＋極になる。

ミス注意！
硫酸亜鉛の電離
$ZnSO_4 \longrightarrow Zn^{2+} + SO_4^{2-}$
硫酸銅の電離
$CuSO_4 \longrightarrow Cu^{2+} + SO_4^{2-}$

- 亜鉛の電極…亜鉛原子が電子2個を放出し，(④　　　　)(Zn^{2+})になって硫酸亜鉛水溶液中に溶け出す。電子は導線を通って銅の電極に移動する。
- 銅の電極　…硫酸銅水溶液中の銅イオンが，導線から流れてくる電子を受け取って，銅原子となる。
- 電子が亜鉛の電極から銅の電極に移動することで，電流が流れる。
- 亜鉛の電極が－極，銅の電極が＋極になっている。

(3)　ダニエル電池の電極で起こる化学変化

- －極(亜鉛)の化学反応式　$Zn \longrightarrow Zn^{2+} + 2e^-$
- ＋極(銅)の化学反応式　$Cu^{2+} + 2e^- \longrightarrow Cu$

図2

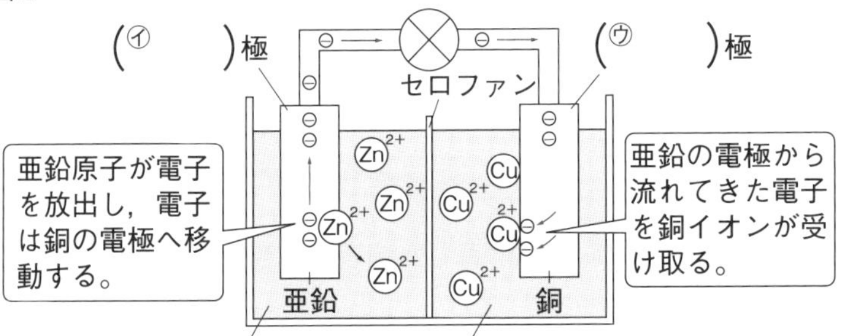

② 電池の種類

教 p.178～p.181

1 いろいろな電池

(1)　(⑤　　　　)　使い切りの電池。マンガン乾電池，アルカリ乾電池，リチウム電池，酸化銀電池など。

(2)　二次電池　くり返し(⑥　　　　)して使うことができる電池。リチウムイオン電池，ニッケル水素電池，鉛蓄電池など。

2 燃料電池

(1)　(⑦　　　　)　水の電気分解とは逆の化学変化を利用した電池。水素と酸素の反応により，電気エネルギーを取り出せる。

- 水の電気分解の化学反応式…$2H_2O \longrightarrow 2H_2 + O_2$
- 燃料電池の化学反応式…$2H_2 + O_2 \longrightarrow 2H_2O$

図3　●水の電気分解●　　●燃料電池●

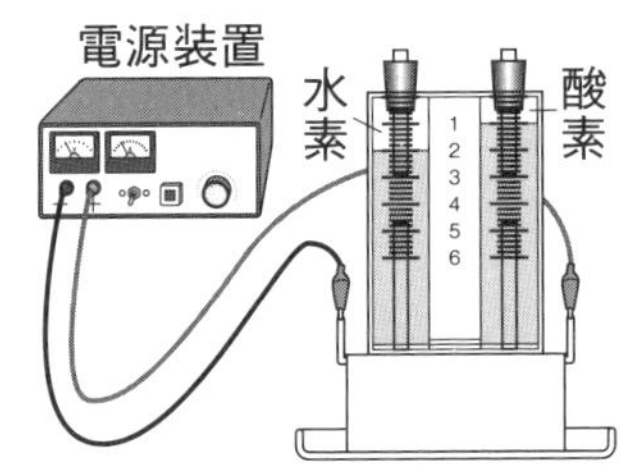

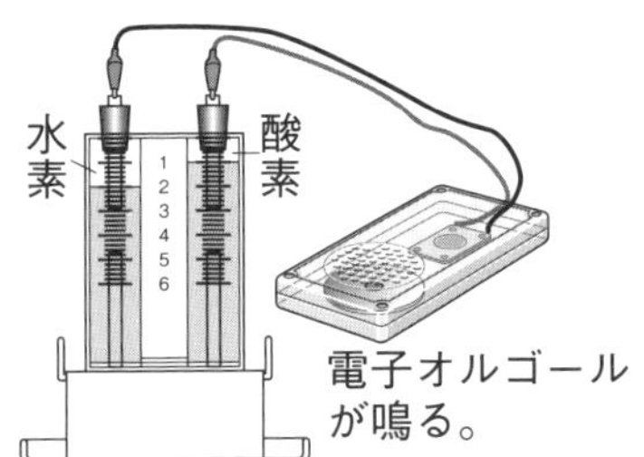

満点★ミッション

④亜鉛イオン
イオンの化学式でZn^{2+}と表す。亜鉛原子が2個電子を放出してできたイオン。

ポイント
電子1個を化学式でe^-と表す。

⑤一次電池
マンガン乾電池など，使い切りの電池。

⑥充電
外部から電流を流し電池に電気をたくわえること。

⑦燃料電池
水の電気分解とは逆の化学変化を利用し，水素と酸素の反応から電流を取り出す電池。

テストに出る！

予想問題　第３章　電池とイオン

30分　/100点

1 下の図１のように，マグネシウム，鉄，銅の３種類の金属板に，塩化マグネシウム水溶液，塩化鉄水溶液，塩化銅水溶液をそれぞれ数滴たらして変化を観察した。図２はその結果を表している。あとの問いに答えなさい。　5点×4〔20点〕

図１

マグネシウム　鉄　銅
塩化マグネシウム水溶液
塩化鉄水溶液
塩化銅水溶液

図２

	マグネシウム	鉄	銅
塩化マグネシウム水溶液	×	×	×
塩化鉄水溶液	○	×	×
塩化銅水溶液	○	○	×

○…金属板に物質が付着した。
×…変化がなかった。

(1) マグネシウム板に塩化鉄水溶液をたらして付着した物質は，磁石についた。この物質は何か。（　　　）

(2) 鉄とマグネシウムでは，どちらがイオンになりやすいか。（　　　）

(3) マグネシウム板と鉄板に塩化銅水溶液をたらして付着した物質は，赤色で金属光沢が見られた。この物質は何か。（　　　）

(4) マグネシウム，鉄，銅のうち，最もイオンになりにくいのはどの金属か。（　　　）

2 右の図のような装置に，導線をつなぐと電流が流れ，モーターが回った。次の問いに答えなさい。　5点×4〔20点〕

(1) 亜鉛と銅のうち，金属が水溶液中に溶け出すのはどちらか。次のア～ウから選びなさい。（　　）

ア　亜鉛
イ　銅
ウ　亜鉛と銅

記述 (2) この実験で電流が流れているとき，亜鉛の電極と銅の電極ではそれぞれどのような変化が起こっているか。関係する原子やイオンに着目して答えなさい。

亜鉛の電極（　　　　　　　　）
銅の電極（　　　　　　　　）

(3) 図の点Pでの電子の移動する向きは，矢印a，bのどちらか。（　　）

よく出る **3** 右の図のダニエル電池について，次の問いに答えなさい。　6点×4〔24点〕

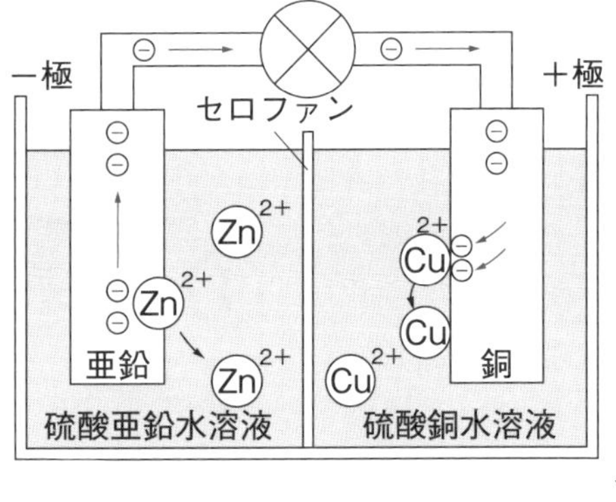

(1) ダニエル電池のように，化学変化によって電流を取り出す装置を，いっぱんに何というか。（　　　）

(2) 亜鉛の電極の表面で起こっている化学変化を，イオンの化学式を使って表しなさい。ただし，電子1個をe^-と表すものとする。
(例) $H \longrightarrow H^+ + e^-$　（　　　）

(3) 銅の電極の表面で起こっている化学変化を，イオンの化学式を使って表しなさい。ただし，電子1個をe^-と表すものとする。（　　　）

(4) セロファンの役割について，次のア，イから適当なものを選びなさい。（　　）
ア 決まったイオンだけを通す。
イ 硫酸亜鉛水溶液と硫酸銅水溶液を完全にしきる。

4 右の図のような装置をつくり，電子オルゴールをつなぐと，音が鳴った。次の問いに答えなさい。　4点×6〔24点〕

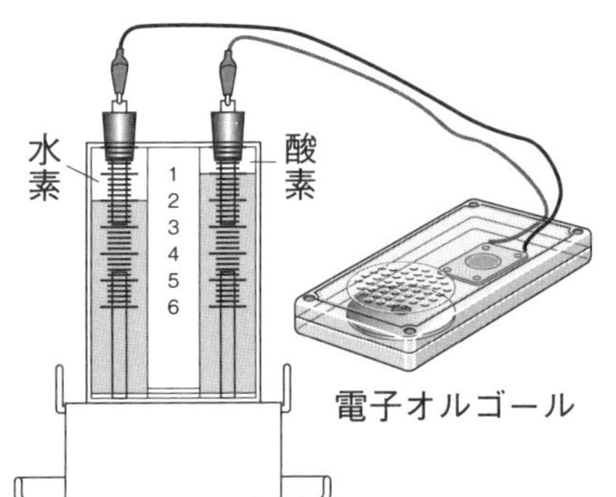

(1) この装置で起こっていることについて，次の（　）にあてはまる言葉を答えなさい。
①（　　　）②（　　　）
③（　　　）④（　　　）
⑤（　　　）

この装置では，水の電気分解とは逆の化学変化が起こり，水素と酸素がもつ（ ① ）エネルギーを（ ② ）エネルギーとして直接取り出している。このような電池を（ ③ ）電池という。燃料となる（ ④ ）と酸素を供給し続ければ継続的に使用でき，（ ⑤ ）だけが生じるので，利用が広がっている。

(2) この装置ではどのような化学変化が起こっているか。化学反応式で表しなさい。
（　　　）

5 電池について，正しいものには○，まちがっているものには×をつけなさい。　3点×4〔12点〕

①（　　）充電とは，外部から電流を流し，電池に電気をたくわえることである。
②（　　）二次電池は，充電してもくり返し使うことができない。
③（　　）マンガン乾電池，アルカリ乾電池，リチウム電池などは，一次電池である。
④（　　）リチウムイオン電池や鉛蓄電池などは，二次電池である。

第１章　太陽系と宇宙の広がり

満点★ミッション

①天体
太陽，地球，月などのような，宇宙にある物体。

②太陽系
地球，月など，太陽を中心とした天体の集まり。

③惑星
太陽のまわりをまわる，８つの大きな天体。

④地球型惑星
太陽に近い，水星，金星，地球，火星の４つの惑星。大きさは小さいが平均密度は大きい。

⑤木星型惑星
太陽から遠い，木星，土星，天王星，海王星の４つの惑星。大きさは大きいが平均密度は小さい。

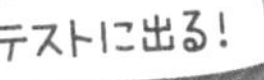

テストに出る！ ココが要点　解答 p.12

① 太陽系の天体　教 p.194～p.198

1 太陽系（たいようけい）

(1) (①　　　　) 太陽，地球，月など宇宙空間にある物体。

(2) (②　　　　) 太陽を中心とした天体の集まり。

(3) (③　　　　) 太陽系に**８つ**ある，太陽のまわりをまわっている大きな天体。

図１

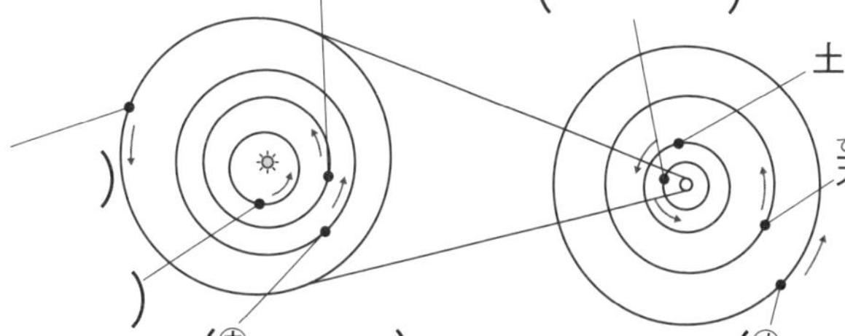

2 惑星（わくせい）

(1) (④　　　　　　) 太陽系の惑星のうち，太陽に近い４つのこと。比較的小さく，質量も小さいが，表面や内部が岩石や金属でできているので，平均密度が**大きい**。

- **水星**…太陽に最も近い。大気はほとんどなく，表面の平均温度は約260℃である。
- **金星**…主成分が二酸化炭素である厚い大気がある。表面の平均温度は約460℃にもなる。
- **地球**…水が液体として存在し，大気におおわれているなど，生物に適した環境をもつ。
- **火星**…太陽からの距離が地球の約1.5倍あるため，表面の平均温度は氷点下となる。

(2) (⑤　　　　　　) 太陽系の惑星のうち，火星よりも太陽から遠くにある４つのこと。比較的大きく，質量も大きいが，水素やヘリウムでできている部分が多いため，平均密度は**小さい**。

- **木星**…太陽系の惑星の中で最大である。しまもようや大赤斑（だいせきはん）とよばれる大きなうずが見られる。
- **土星**…太陽系の惑星の中で，木星の次に大きい。
- **天王星**…自転軸（じてんじく）が大きく傾いた状態で公転している。

●海王星…太陽系の惑星のうち，太陽から最も遠いところをまわっている。

(3) (⑥　　　　) 天体がほかの天体のまわりをまわること。惑星の公転軌道や公転周期は，それぞれ異なる。

3 惑星以外の天体

(1) (⑦　　　　) 惑星などのまわりを公転している天体。

(2) (⑧　　　　) 主に火星と木星の軌道の間で太陽のまわりを公転しているたくさんの小さな天体。

(3) (⑨　　　　) 細長いだ円形の公転軌道をもち，太陽に近づくと長い尾が伸びているように見える天体。

② 太陽

教 p.199～p.201

1 太陽

(1) (⑩　　　　) 自ら光を放出している天体。太陽系の恒星である(⑪　　　　)は，巨大な気体のかたまりである。

(2) 太陽のはたらき　太陽のエネルギーによって地球の大気や水が循環し，太陽からの光エネルギーによって植物は光合成を行う。

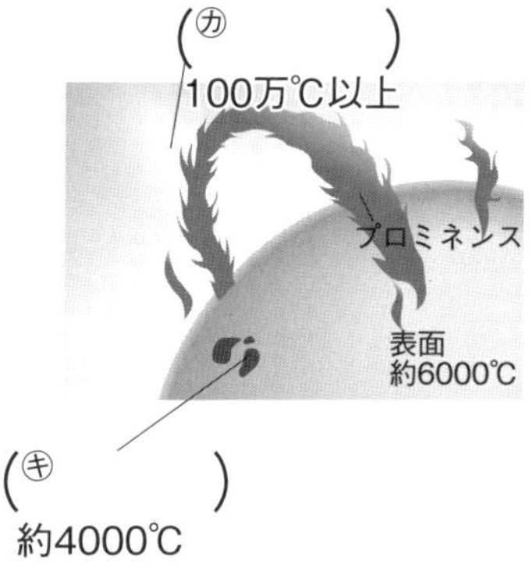

(3) 太陽の自転　黒点の位置や形を観測すると，太陽が自転していることや，太陽が球形であることがわかる。

図２●太陽のすがた●

(カ　　　　)
100万℃以上
プロミネンス
表面
約6000℃
(キ　　　　)
約4000℃

(4) 太陽のすがた

- 太陽の直径…約140万km(地球の約109倍)
- 太陽の質量…地球の約33万倍
- 太陽の温度…表面温度が約6000℃。中心部の温度が約1600万℃。
- (⑫　　　　)…太陽の表面に見られる黒い斑点。
- (⑬　　　　)…太陽を取りまくガスの層。
- プロミネンス(紅炎)…炎のような形の濃いガス。

③ 銀河

教 p.202～p.203

1 銀河

(1) (⑭　　　　) 多くの恒星や星雲からできた集団の１つひとつ。

(2) 天の川銀河(銀河系)　太陽系をふくむ銀河。うずを巻いた円盤状の形で，約2000億個の恒星からなる。

満点★ミッション

⑥公転
天体がほかの天体のまわりをまわること。

⑦衛星
惑星などのまわりを公転している天体。

⑧小惑星
大きなものでも直径数百kmの，太陽のまわりを公転するたくさんの小さな天体。主に火星と木星の軌道の間にある。

⑨すい星
細長いだ円形の公転軌道をもつ天体。

⑩恒星
自ら光を放出する天体。

⑪太陽
太陽系の中心となる恒星。高温の気体からできており，光や熱を放出している。

⑫黒点
太陽の表面に見られる黒い斑点。周囲より温度が低い。

⑬コロナ
太陽を取りまくガスの層。温度は100万℃以上。

⑭銀河
恒星や星雲の集まり。宇宙には銀河が数えきれないほどある。太陽系をふくむものは天の川銀河(銀河系)という。

解答 p.12

テストに出る！

予想問題　第１章　太陽系と宇宙の広がり

30分　/100点

1 右の図は，太陽を中心にした天体の集まりを表したものである。これについて，次の問いに答えなさい。　3点×16〔48点〕

(1) 図のような太陽を中心とした天体の集まりを何というか。　(　　　)

(2) 太陽のまわりを公転している，A～Hの８つの天体を何というか。(　　　)

(3) A～Hの天体をそれぞれ何というか。

A (　　　)
B (　　　)
C (　　　)
D (　　　)
E (　　　)
F (　　　)
G (　　　)
H (　　　)

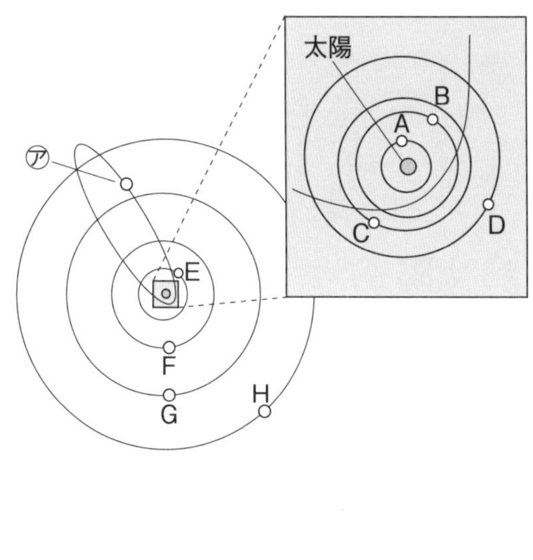

(4) A～Hの天体は，大きさや質量，平均密度などによって，２つのなかまに分類することができる。A～Dの惑星とE～Hの惑星をそれぞれ何というか。

A～D (　　　)
E～H (　　　)

(5) (4)で答えた２つの分類のうち，平均密度が小さいのはどちらか。名称で答えなさい。(　　　)

(6) (4)で答えた２つの分類のうち，質量が小さいのはどちらか。名称で答えなさい。(　　　)

(7) 図の㋐は，細長いだ円形の公転軌道をもち，太陽に近づくと尾が伸びて見えることがある。この天体を何というか。(　　　)

(8) 主にDの天体とEの天体の軌道の間にある，太陽のまわりを公転する多数の小天体を何というか。(　　　)

2 太陽を中心にした天体の集まりについて，正しいものには○，まちがっているものには×をつけなさい。　3点×4〔12点〕

①(　　)月のことを衛星ともいい，衛星があるのは地球だけである。

②(　　)宇宙空間にある岩石や金属は隕石(いんせき)となって地球に落下することがある。

③(　　)北極側から見たとき，地球の公転の向きと月の公転の向きは反対になっている。

④(　　)地球の自転周期は１日である。

よく出る **3** 右の図1は，天体望遠鏡を使って，太陽を観測しているようすである。これについて，次の問いに答えなさい。　3点×5〔15点〕

図1

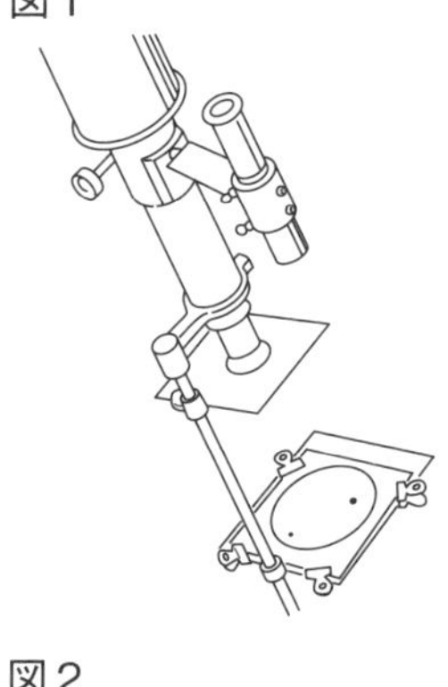

(1) 右の図2は，太陽投影板に映し出された像が，観測中に動いていく方向を矢印で表したものである。東と西の方位はどちらか。次の㋐～㋓から選びなさい。（　　）

㋐ 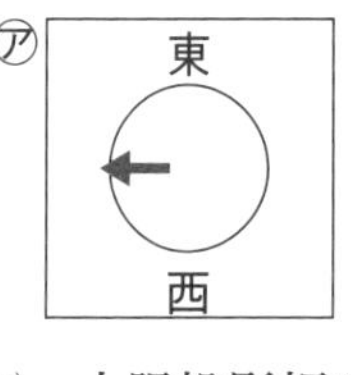

㋑ 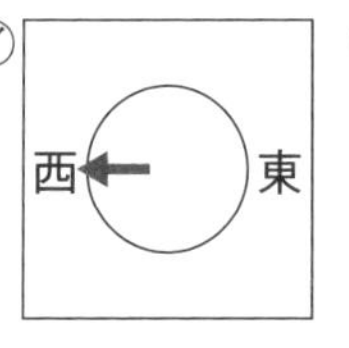

㋒ 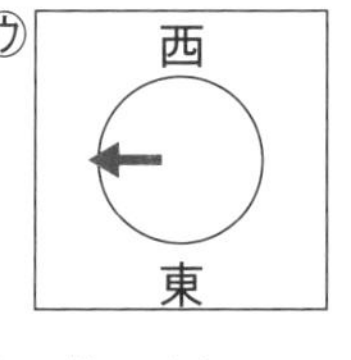

㋓ 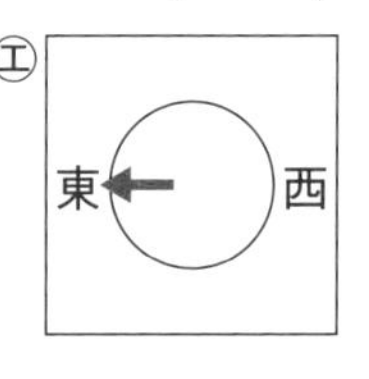

(2) 太陽投影板に映し出された太陽の像に見られる黒い斑点を何というか。（　　　　）

図2

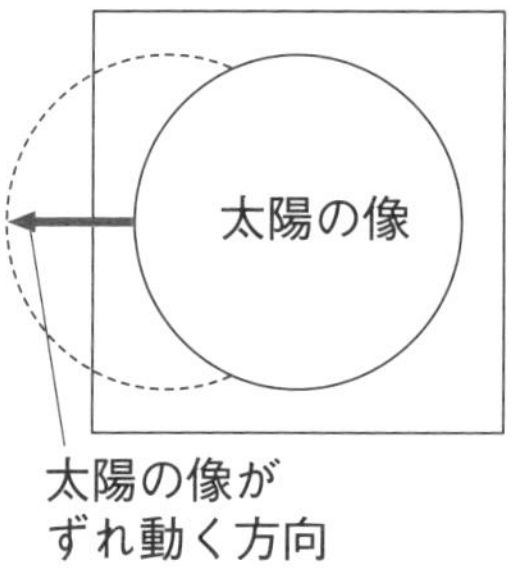

記述 (3) (2)が黒く見える理由を簡単に答えなさい。
（　　　　　　　　　　　　　　　　　　）

記述 (4) (2)の黒い斑点のようすを数日間観測すると，位置が少しずつ移動していく。これは，太陽がどのような動きをしているからか。
（　　　　　　　　　　　　　　　　　　）

(5) 黒い斑点が太陽の周縁部(しゅうえんぶ)でつぶれて見えることから，太陽はどのような形をしていることがわかるか。（　　　　）

4 右の図は，太陽の表面のようすを表したものである。これについて，次の問いに答えなさい。　4点×4〔16点〕

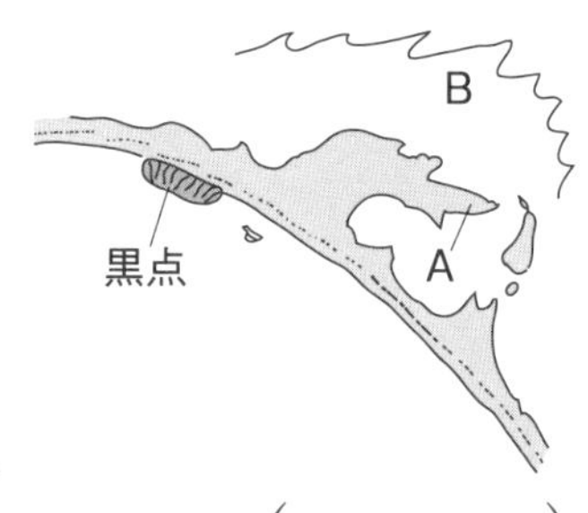

(1) 図の炎のような形で噴き出した濃いガスであるA，太陽を取りまくガスの層であるBをそれぞれ何というか。
A（　　　　　　）　B（　　　　　　）

(2) 太陽は，主に何とヘリウムでできているか。物質名を答えなさい。（　　　　）

(3) 太陽のように，自ら光を放出する天体のことを何というか。
（　　　　）

5 右の図は，太陽をふくむ約2000億個の恒星の集団を表したものである。これについて，次の問いに答えなさい。　3点×3〔9点〕

(1) 図の恒星などの集団を何というか。
（　　　　）

(2) (1)にある，ちりやガスの集まりを何というか。
（　　　　）

(3) 宇宙には図のような恒星の集団が数えきれないほどある。その1つひとつを何というか。
（　　　　）

3-4 地球と宇宙

第２章　太陽や星の見かけの動き(1)

テストに出る！ **ココが要点**　解答 p.12

① 天球
教 p.205～p.206

1 地球の自転と公転

(1)　地球の動き　地球は太陽のまわりを１年に１回公転し，さらに（①　　　）を中心に１日１回自転している。

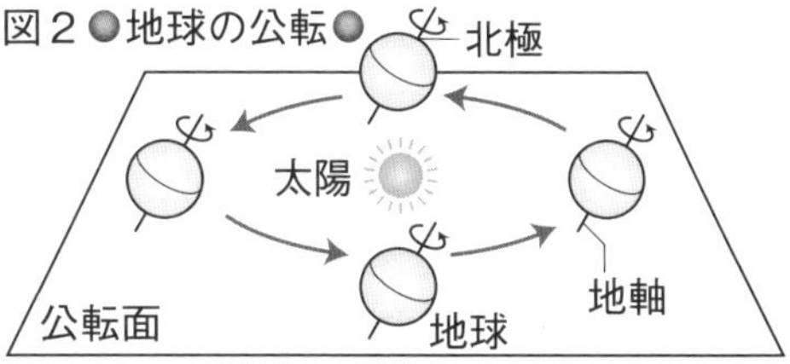

図１ 地軸の傾き

図２ 地球の公転

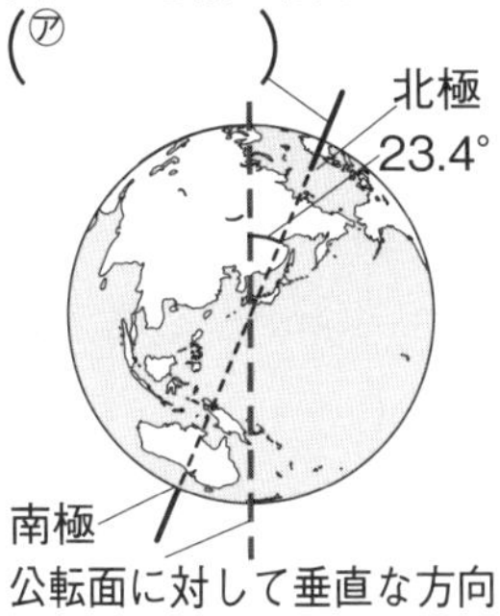

2 地球上での方位と天球

(1)　方位　天体の位置を表すのに用いる東西南北を（②　　　）という。北は北極の方向，南は南極の方向である。東，西は，その地点の子午線と直角に交わる線の方向である。

(2)　天球　天体は観測者を中心とした球面にはりついているように見える。この球面を（③　　　）という。

② 太陽の動き
教 p.207～p.215

1 太陽の１日の動き

(1)　太陽の１日の動き　太陽は，朝，東から昇り，南の空を通って夕方には西に沈む。このような太陽の１日の動きを，太陽の（④　　　）という。これは地球の自転による見かけの動きである。地球が西から東へ自転しているので，地球から見る太陽は東から西へ動いて見える。

(2)　南中　天体が真南の空にきたとき，その天体が（⑤　　　）したという。

図３ 太陽の見かけの動き

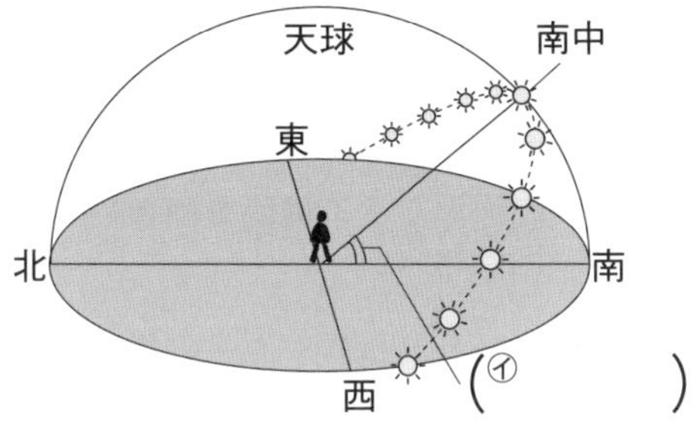

満点★ミッション

①地軸　北極と南極を結ぶ軸。公転面に対して垂直な方向から約23.4°傾いている。

②方位　天体の位置を表すのに用いる東西南北のこと。

③天球　天体の位置や動きを表すのに用いる，観測者を中心とした見かけの球面。

④日周運動　天体の１日の動き。地球の自転により，東から西へ動くように見える。

⑤南中　天体が真南の空にくること。

ココが要点の答えになります。

(3) 太陽の高度　太陽の日周運動で，太陽の高度が最も高くなるのは，太陽が南中したときである。このときの太陽の高度を（⑥　　　　　）という。

2 太陽の１年の動き

図４

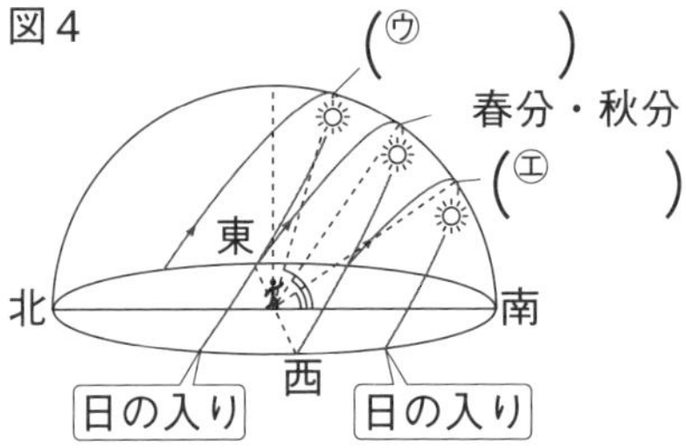

（ウ　　　）
春分・秋分
（エ　　　）
東
北
南
西
日の入り
日の入り

(1) 太陽の道すじの季節変化

- 夏…南中高度が**高く**，昼が**長い**ため気温が高い。（⑦　　　　）の日に，最も昼が長くなる。
- 冬…南中高度が**低く**，昼が**短い**ため気温が低い。（⑧　　　　）の日に，最も昼が短くなる。
- 春分・秋分…昼と夜の長さがほぼ同じになる。

3 季節による変化

(1) 季節による変化　地球は，地軸を公転面に垂直な方向から約**23.4°**傾けて公転している。このため，太陽の南中高度や昼の長さの変化によって地面が太陽から受けるエネルギーが変わり，夏は暑く，冬は寒いという季節による変化が生じる。

図５ 季節と南中高度の変化（東京）

春分
夏至
秋分
冬至
太陽の南中高度
80°
70°
60°
50°
40°
30°
20°
1
3
5
7
9
11
〔月〕

図６ 季節と昼の長さの変化

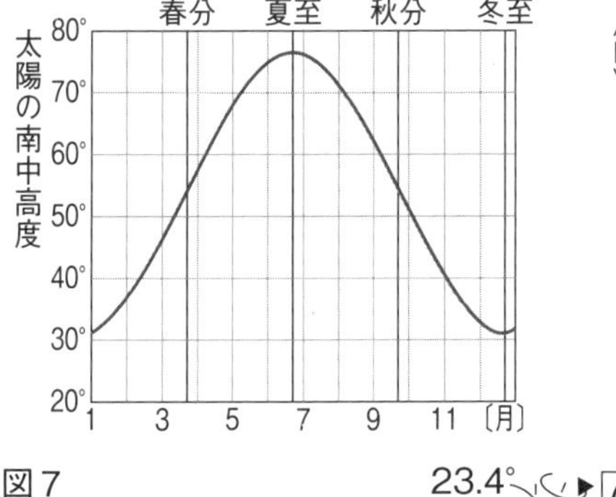

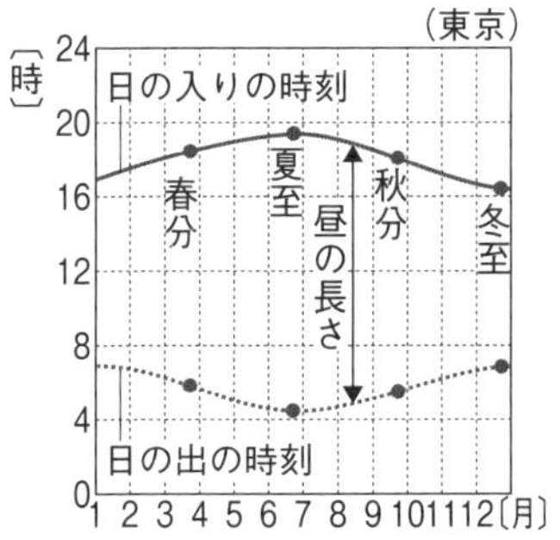

（東京）
〔時〕
24
20
16
12
8
4
0
日の入りの時刻
春分
夏至
秋分
冬至
昼の長さ
日の出の時刻
1 2 3 4 5 6 7 8 9 10 11 12〔月〕

図７

23.4°
（オ　　　）
地軸
太陽
地球
（カ　　　）
冬至
秋分
夏至
23.4°
北極
赤道
地平面
太陽の光
地平面
23.4°
冬至
北極
赤道

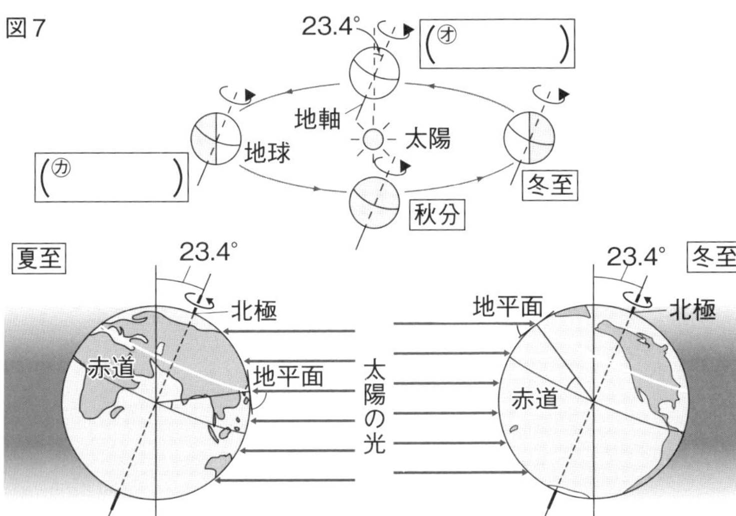

満点★ミッション

⑥**南中高度**
天体が南中したときの高度。

⑦**夏至**（げし）
太陽の南中高度が１年で最も高くなり，昼の長さが最も長くなる日。

⑧**冬至**（とうじ）
太陽の南中高度が１年で最も低くなり，昼の長さが最も短くなる日。

ポイント
春分の日と秋分の日には，太陽は真東から昇り，真西に沈む。昼の長さと夜の長さがほとんど同じになる。

テストに出る!

予想問題　第２章　太陽や星の見かけの動き(1)

30分　/100点

1 よく出る　地球から観測した天体の動きについて，次の問いに答えなさい。

5点×4〔20点〕

(1) 恒星を観測すると，図のように恒星は観測者を中心とした球面にはりついて見える。この見かけの球面を何というか。（　　　）

(2) 天体の位置を表すときに使う，東西南北のことを何というか。（　　　）

(3) 図で，北を表しているのは㋐～㋓のどれか。（　　）

(4) 地球は北極と南極を結ぶ軸を中心にして，1日に1回転している。この軸を何というか。（　　　）

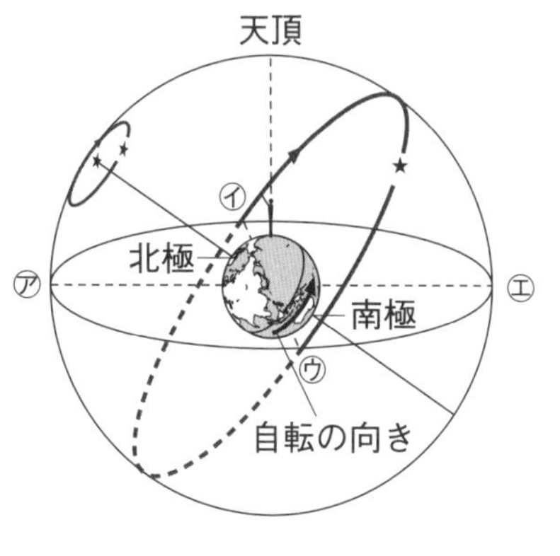

2 右の図は，日本のある地点である日の太陽の動きを透明半球(とうめいはんきゅう)に記録したものである。これについて，次の問いに答えなさい。

5点×8〔40点〕

(1) 太陽の位置を記録するとき，ペンの先端の影(かげ)をどこに合わせればよいか。図の記号で答えなさい。（　　）

(2) 図の透明半球を観測者から見た天球と考えたとき，観測者の位置はどこか。図の記号で答えなさい。（　　）

(3) 北の方位はどれか。図の記号で答えなさい。（　　）

(4) 図のような太陽の1日の動きを，太陽の何というか。（　　　）

(5) 太陽が最も高くなる，Qの位置にくることを何というか。（　　　）

(6) (5)のときの高度を何というか。（　　　）

(7) 太陽の日の出の方位を表しているのはどれか。図の記号で答えなさい。（　　）

(8) この日の日の入りの時刻(じこく)として最も近いものを，次のア～エから選びなさい。（　　）

ア　17時

イ　18時

ウ　19時

エ　20時

3 下の図１は，東京の季節による太陽の南中高度の変化を表したものであり，図２は，東京の季節による昼と夜の長さの変化を表したものである。これについて，あとの問いに答えなさい。

5点×4〔20点〕

図１

図２

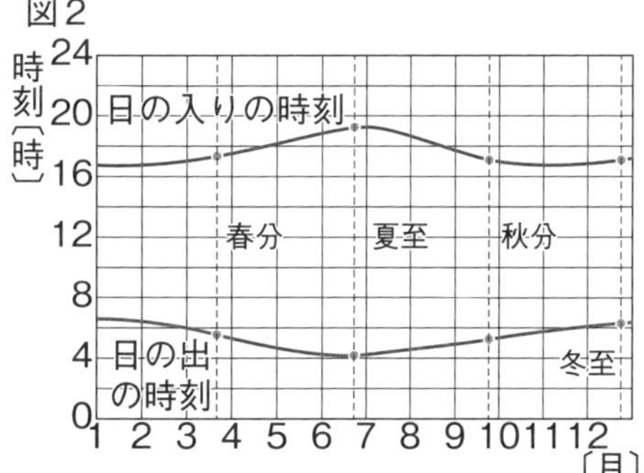

(1) 南中高度が最も高くなるのは，春分・夏至・秋分・冬至のいつか。（　　　　）

(2) 南中高度がほとんど同じになるのは，春分・夏至・秋分・冬至のいつといつか。

（　　　　と　　　　）

(3) 昼の長さが最も長くなるのは，春分・夏至・秋分・冬至のいつか。（　　　　）

記述 (4) 夏が暑くなる理由を，「太陽からのエネルギー」という言葉を使って簡単に答えなさい。

（　　　　　　　　　　　　　　　　）

4 下の図１は，日本のある地点Oで夏至の日と冬至の日に太陽の動きを記録したもので，図２は，地球が公転しているようすを表したものである。これについて，あとの問いに答えなさい。

5点×4〔20点〕

図１

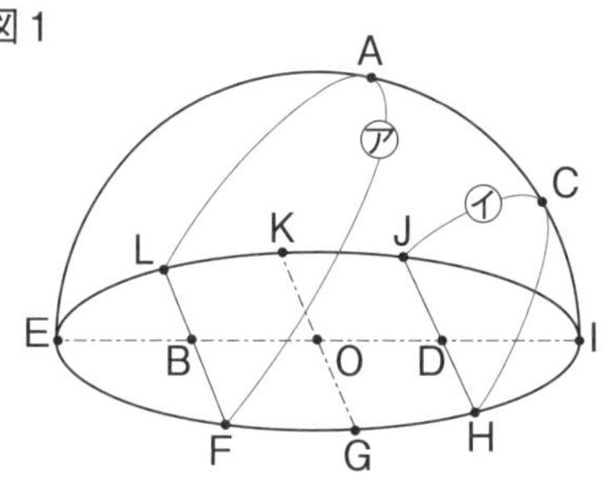

図２

(1) 図１の地点Oで，春分に太陽の動きを記録すると，日の出の位置は図のE～Lのどこになると考えられるか。（　　）

(2) 図１の㋐の記録は，地球が図２の㋒～㋕のどの位置にあるときのものか。（　　）

(3) 図１の㋑の記録で，太陽の南中高度はどのように表せるか。次のア～エから選びなさい。（　　）

ア ∠CBI　イ ∠COI　ウ ∠CDE　エ ∠CDI

記述 (4) 日本において，季節の変化が生じる理由を，「地軸」という言葉を使って簡単に答えなさい。

（　　　　　　　　　　　　　　　　）

教科書 p.216～p.239

3-4 地球と宇宙

第２章　太陽や星の見かけの動き(2)
第３章　天体の満ち欠け

テストに出る！ ココが要点　解答 p.13

① 星の動き　教 p.216～p.225

1 星の１日の動き

(1) 星の１日の動き　東から昇った星は，時間とともに，しだいに南の空高くへ移り，やがて西の地平線に沈む。

- 東の空の星…星は南の空に向かって昇るので，右上がりに昇っていくように見える。
- 南の空の星…東から移動し，真南で最も高い点を通り，西の空へ移っていく。
- 西の空の星…南の空高く昇ったところから，西の空に沈むので，右下がりに沈んでいくように見える。
- 北の空の星…(① 　　　)付近(天の北極)を中心に，**反時計回り**に回転するように見える。

図１

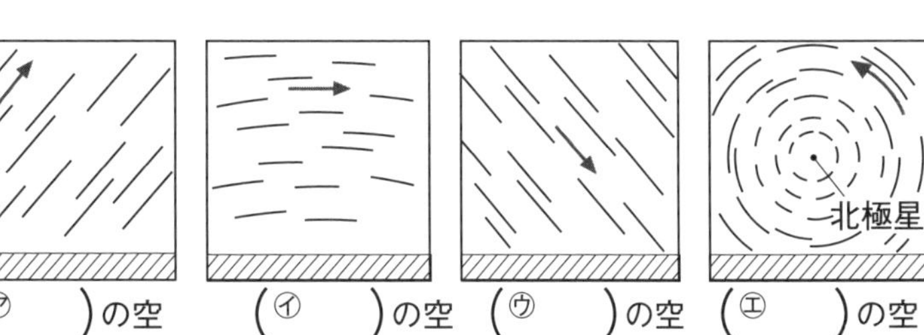

(㋐ 　　)の空　(㋑ 　　)の空　(㋒ 　　)の空　(㋓ 　　)の空

2 星の日周運動と地球の自転

(1) 星の日周運動　星は地軸を延長した軸を中心に，東から西に回転しているように見える。星の位置は，１日でほぼもとの位置にもどる。

(2) 星の動く速さ　地球は約１日(24時間)に１回転(360°回転)するので，１時間当たり約15°回転している。星の日周運動は地球の自転による見かけの動きなので，星は１時間当たり(② 　　　)ずつ動くように見える。

3 星の１年の動き

(1) 星の(③ 　　　)　地球の公転による，１年を周期とした星の見かけの動き。

(2) 星の見える位置　同じ時刻に見られる星の位置は，１か月に約**30°**ずつ**西**のほうへ動いていき，１年後には再び同じ位置に見えるようになる。

満点★ミッション

①**北極星**
天の北極の近くに位置する星。地軸のほぼ延長線上にあるため，ほとんど動かない。

②**15°**
星の日周運動で，１時間当たりの星の動いて見える角度。

③**年周運動**（ねんしゅううんどう）
地球の公転によって起こる天体の見かけの動き。同じ時刻に見られる星座の位置は少しずつ西へずれ，１年後に同じ位置にもどる。

ココが要点の答えになります。

4 星や太陽の１年間での動きと地球の公転

(1) (④　　　　) 天球上の太陽の見かけの通り道。星座の東の空に昇る時刻や南中時刻は，１か月に２時間ずつ早くなる。

図２ 地球の公転と星座

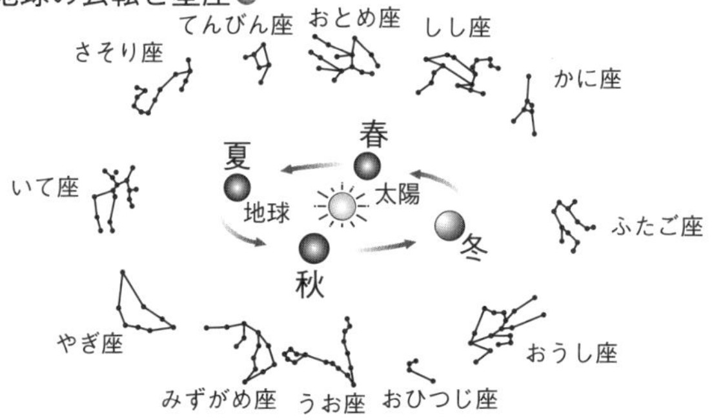

さそり座　てんびん座　おとめ座　しし座　かに座　いて座　夏　春　地球　太陽　冬　秋　ふたご座　やぎ座　みずがめ座　うお座　おひつじ座　おうし座

② 天体の満ち欠け

教 p.226〜p.235

1 月の満ち欠け

(1) 月の(⑤　　　　)

約１か月の周期で，月の形が変化して見えること。

(2) (⑥　　　　)

太陽・月・地球が一直線にならぶとき，太陽が月にかくされること。

(3) (⑦　　　　)

太陽・地球・月が一直線にならぶとき，月が地球の影に入ること。

図３

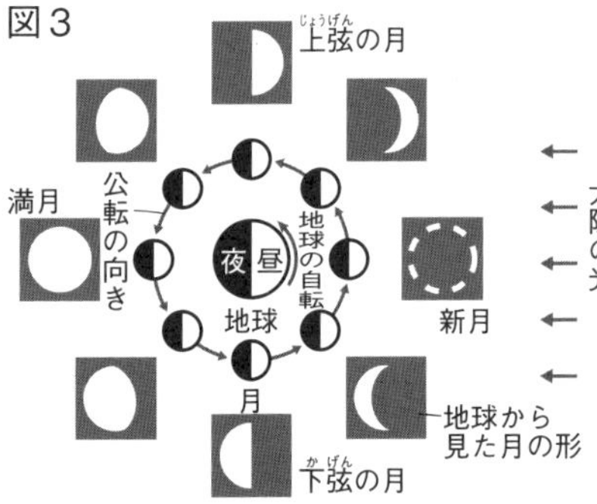

上弦の月　満月　公転の向き　夜　昼　地球の自転　地球　月　新月　太陽の光　地球から見た月の形　下弦の月

2 金星の満ち欠け

(1) 金星の見え方　金星は地球より内側で太陽のまわりを公転しているので，日の入り後の西の空や日の出前の東の空に見られる。また，見る時期によって大きく満ち欠けする。

● (⑧　　　　)…夕方，西の空に見える金星。

● (⑨　　　　)…明け方，東の空に見える金星。

図４

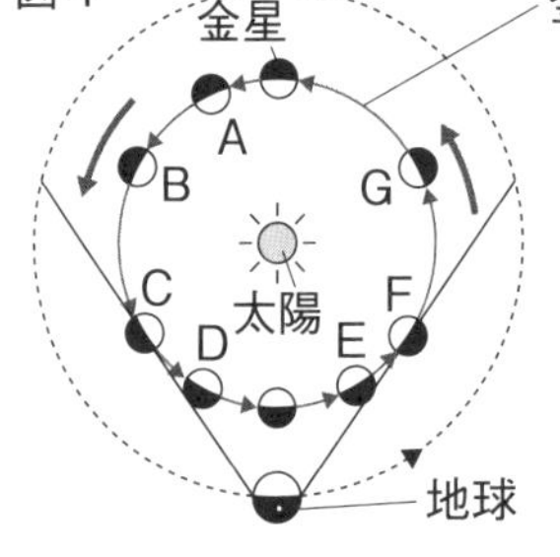

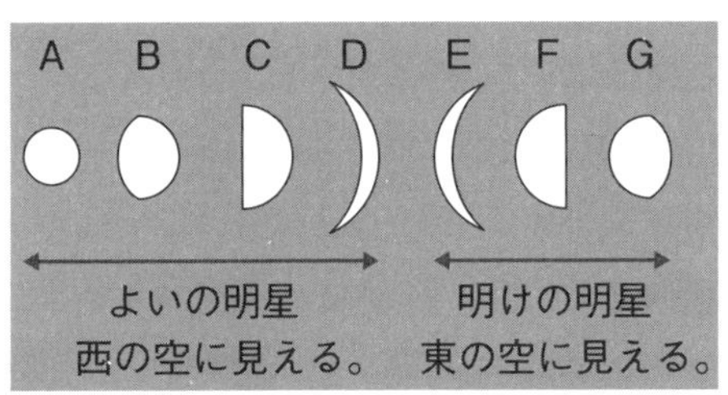

満点★ミッション

④黄道（こうどう）
太陽が星座の間を動く，天球上の見かけの通り道。

⑤満ち欠け
月などが，太陽の光を反射しているために，位置関係によって形が変わって見えること。

⑥日食（にっしょく）
太陽が月にかくされること。太陽が全部かくされることを皆既日食，一部がかくされることを部分日食という。

⑦月食（げっしょく）
月が地球の影に入ること。月が全部影に入ることを皆既月食，一部が影に入ることを部分月食という。

⑧よいの明星（みょうじょう）
夕方，西の空に見える金星。

⑨明けの明星
明け方，東の空に見える金星。

テストに出る！

予想問題　第２章　太陽や星の見かけの動き(2)－①　第３章　天体の満ち欠け－①

30分　/100点

よく出る **1** 右の図は，日本のある地点で，時間をおいて観測したカシオペヤ座の位置である。これについて，次の問いに答えなさい。　4点×5〔20点〕

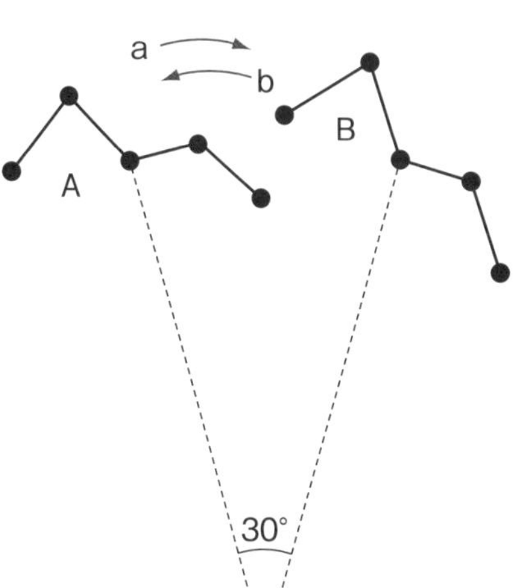

(1) カシオペヤ座は，天球上の点Pを中心にして回転しているように見える。点Pを何というか。　(　　　　)

(2) 点Pのすぐ近くにある，ほとんど動かない星の名称を答えなさい。　(　　　　)

(3) カシオペヤ座が動いた方向は，aとbのどちらか。　(　　)

(4) カシオペヤ座が30°回転するのに，約何時間かかるか。　(　　　　)

(5) カシオペヤ座は，Aの位置で観測された約何時間後に，再びAの位置で観測されるか。次のア～エから選びなさい。　(　　)

ア　約１時間後
イ　約６時間後
ウ　約12時間後
エ　約24時間後

2 下の図は，日本のある地点での星の動きを表したものである。これについて，あとの問いに答えなさい。　4点×6〔24点〕

㋐
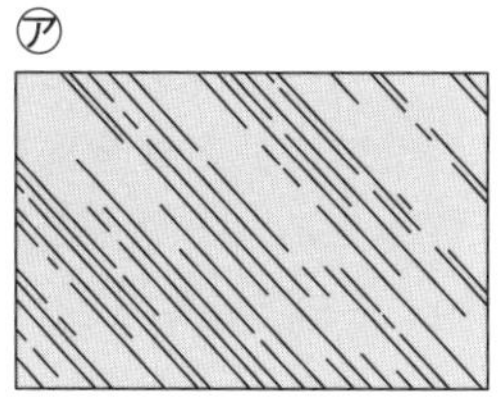
㋑
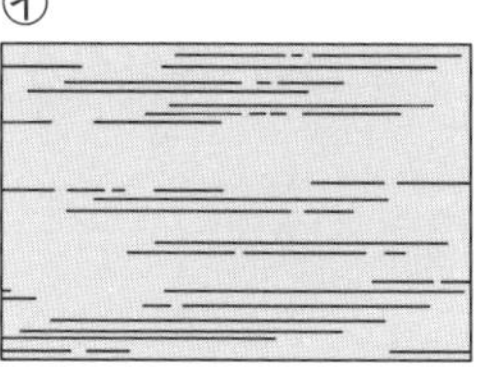
㋒
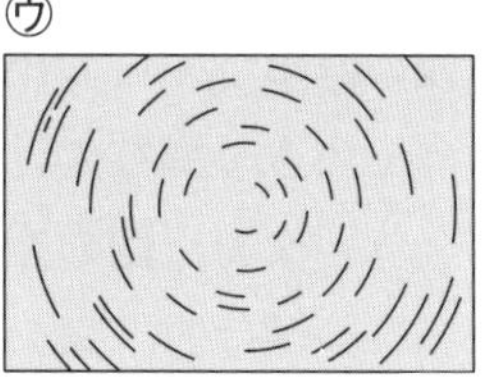
㋓
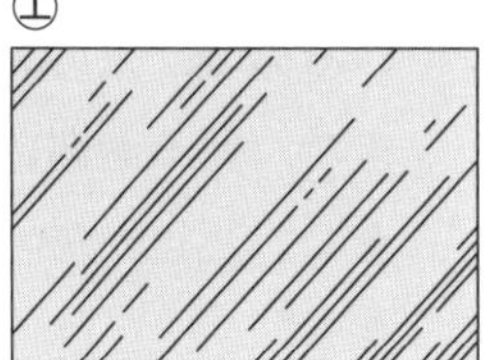

(1) 東，西，南，北の空の星の動きを表すのは，それぞれ図の㋐～㋓のどれか。
東(　　)　西(　　)　南(　　)　北(　　)

(2) 図の㋒の星の動きは，次のア，イのどちらか。　(　　)

ア　時計回りに回転する。
イ　反時計回りに回転する。

(3) 天体が図のように動いて見えるのは，地球がどの方位からどの方位に動いているからか。
(　　　　　　　　)

3 右の図は，日をかえて同じ時刻に星の観測を行ったものである。これについて，次の問いに答えなさい。　6点×4〔24点〕

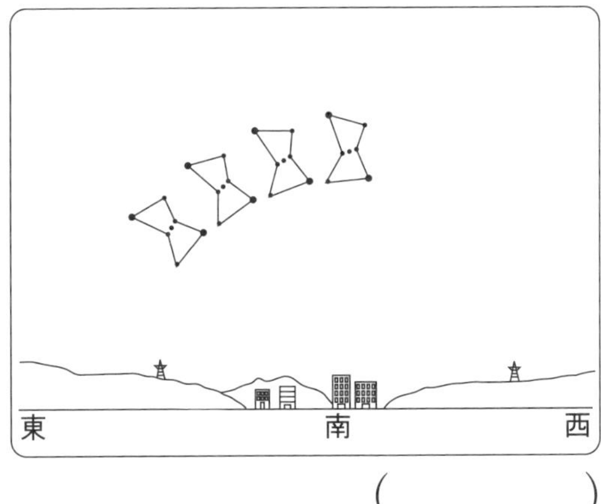

(1) 毎日同じ時刻に星を観測すると，少しずつ位置がずれていく。どの方位からどの方位へ動いていくか。　(　　　　　)

(2) 同じ時刻に星の観測を続けると，1年後に同じ位置に見えるようになる。このような星の動きを星の何というか。　(　　　　　)

記述 (3) 星の位置が(1)のようにずれていくように見えるのはなぜか。「地球」という言葉を使って簡単に答えなさい。
(　　　　　　　　　　　　　　　　　　　　)

(4) 星の位置は1か月で約何°動いていくか。　(　　　　　)

4 右の図は，季節によって見える星座の移り変わりを表したものである。これについて，次の問いに答えなさい。　4点×8〔32点〕

(1) 地球から見ると，太陽は1年かけて天球上の星座の間を動いていくように見える。この太陽の通り道を何というか。漢字2文字で答えなさい。　(　　　　　)

(2) 太陽は，(1)の通り道をどの方位からどの方位へ動いていくか。　(　　　　　)

(3) 地球が図のAの位置にあるとき，太陽はどの星座の方向にあるか。㋐～㋓から選びなさい。　(　　)

(4) 地球が図のAの位置にあるとき，日本の季節は，春，夏，秋，冬のどれか。　(　　　)

(5) 地球が図のBの位置にあるとき，太陽はどの星座の方向にあるか。㋐～㋓から選びなさい。　(　　)

(6) 地球が図のCの位置にあるとき，真夜中に南の空に見られる星座はどれか。㋐～㋓から選びなさい。　(　　)

(7) 地球が図のDの位置にあるとき，日本の季節は，春，夏，秋，冬のどれか。　(　　　)

(8) 真夜中の南の空にさそり座を見ることができた。このときの地球は図のA～Dのどの位置にあるか。　(　　)

テストに出る！

予想問題

第２章　太陽や星の見かけの動き(2)－②
第３章　天体の満ち欠け－②

30分　/100点

よく出る

1 右の図１は，月が地球のまわりを公転するようすを表したものである。これについて，次の問いに答えなさい。

4点×14〔56点〕

図１

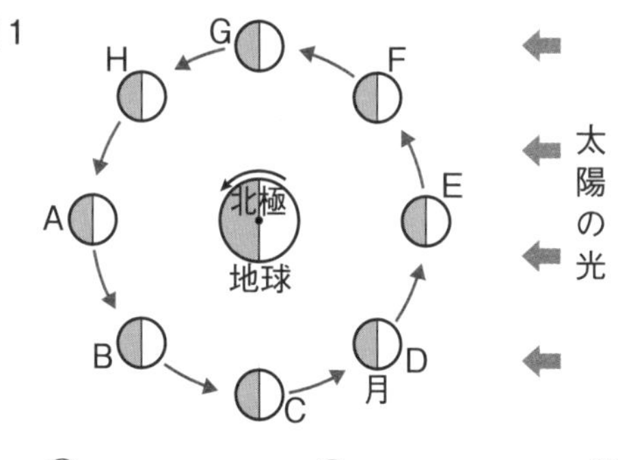

(1) 図２の㋐～㋒は，夕方に見える月の形と位置を，３月８日，３月12日，３月19日に観測したものである。３月８日に観測したのは，㋐～㋒のどれか。（　　）

図２

㋐
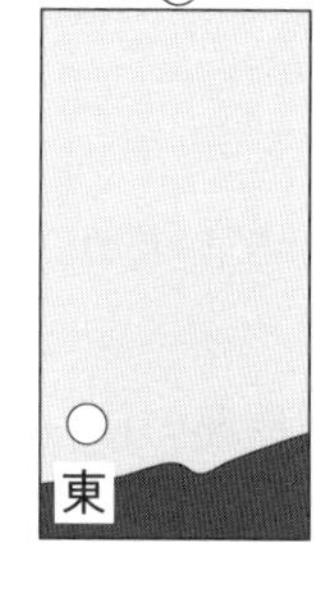

㋑

㋒

(2) 月は，地球から見ると，毎日少しずつ形が変化している。このような月の形の変化を何というか。（　　）

(3) 月の形の変化は，約何か月の周期で起こるか。（　　）

記述 (4) 月の形が変化して見えるのはなぜか。簡単に答えなさい。
（　　）

(5) 月が㋐～㋒のように見えるのは，月がどの位置にあるときか。図１のＡ～Ｈからそれぞれ選びなさい。　㋐（　　）　㋑（　　）　㋒（　　）

(6) 明け方の南の空に月が見えるのは，月がどの位置にあるときか。図１のＡ～Ｈから選びなさい。（　　）

(7) (6)のときの月の形を，次のア～オから選びなさい。（　　）

ア　新月　　イ　三日月　　ウ　上弦の月　　エ　満月　　オ　下弦の月

(8) 月が図１のＨの位置にあるとき，地球から見える月はどのような形か。次の㋐～㋔から選びなさい。（　　）

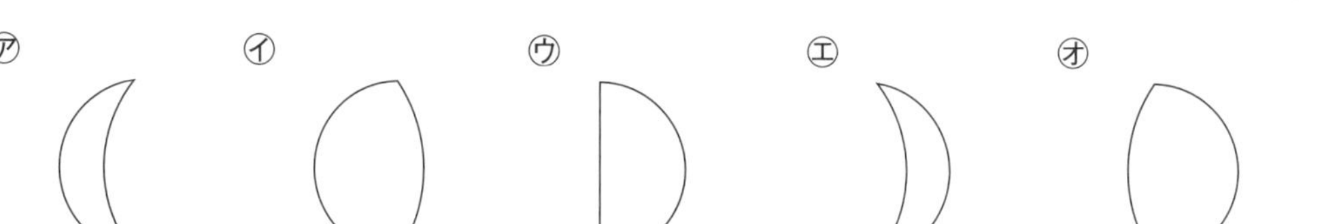

(9) 月食が起こる可能性があるのは，月が図１のＡ～Ｈのどの位置にあるときか。（　　）

(10) (9)のときの月の形を，(7)のア～オから選びなさい。（　　）

(11) 日食が起こる可能性があるのは，月が図１のＡ～Ｈのどの位置にあるときか。（　　）

(12) (11)のときの月の形を，(7)のア～オから選びなさい。（　　）

2 右の図は，太陽を中心とした金星と地球の公転軌道を表したものである。これについて，次の問いに答えなさい。

4点×11〔44点〕

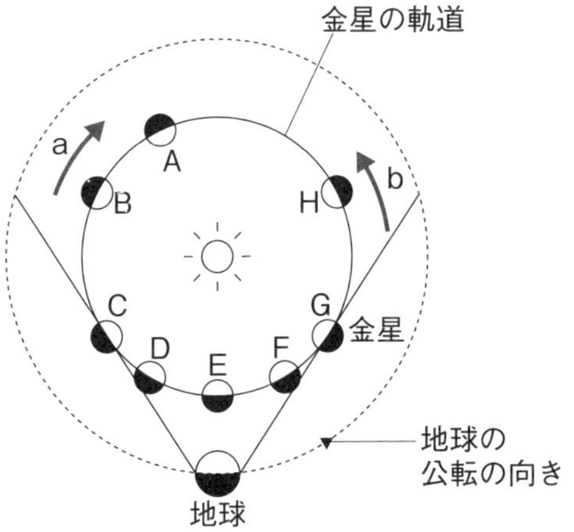

(1) 金星の公転の向きは，a，bのどちらか。（　　）

(2) A～Hのうち，地球から金星が見えない位置はどれか。（　　）

(3) 金星がFの位置にあるとき，地球からはどのように見えるか。次の㋐～㋒から選びなさい。（　　）

㋐　㋑　㋒

金星の軌道
a
b
A
B
C
D
E
F
G
H
金星
地球の公転の向き
地球

(4) 明けの明星となる金星は，どの方位の空に見られるか。（　　）

(5) よいの明星となる金星は，どの方位の空に見られるか。（　　）

(6) 金星がよいの明星となるのは，A～Hのどの位置にあるときか。すべて選びなさい。（　　）

(7) 金星は位置により大きさも変化して見える。金星が最も小さく見えるのは，A～Hのどの位置にあるときか。（　　）

(8) ある日の金星は，次の㋐のように見えた。次に金星はどのような形に変わっていくか。次の㋑～㋔から選びなさい。（　　）

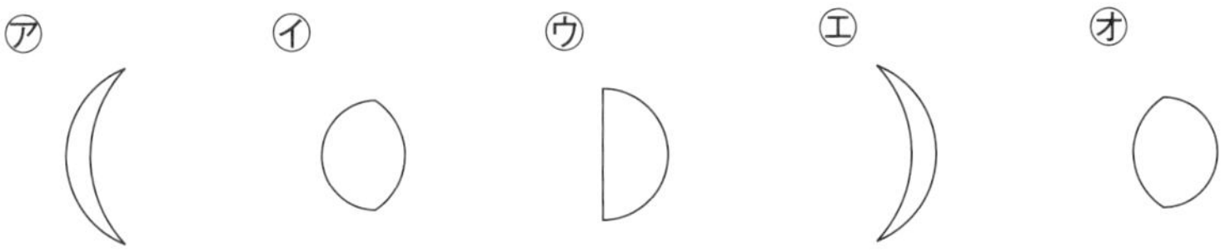

㋐　㋑　㋒　㋓　㋔

記述 (9) 地球からは，真夜中に金星を見ることができない。その理由を「公転」，「内側」という言葉を使って簡単に答えなさい。

（　　）

(10) 金星の形が変わって見えたり，見かけの大きさが変化したりすることに，最も関係の深いものを，次のア～エから選びなさい。（　　）

ア　地球の自転

イ　地軸の傾き

ウ　金星の自転

エ　金星の公転

記述 (11) 同じ太陽系の惑星である火星も，地球から観測することができる。火星も金星と同じように形や大きさは変化して見えるが，三日月の形に見えることはない。また，火星は真夜中に観測できることがある。その理由を簡単に答えなさい。

（　　）

3-5 自然・科学技術と人間

自然・科学技術と人間

テストに出る！ **ココが要点** 解答 p.15

① 自然環境と人間 教 p.243～p.246

1 自然環境と人間

(1) 人間活動と生物のつり合い

- (①) 地域の外から持ちこまれ，野生化した生物。その地域にもともと生息していた生物である(②)が減少し，環境が変化することがある。

(2) 人間活動と水のつり合い

- 窒素などをふくむ養分が湖や海に大量に流れこむと，水中に微生物が大量発生し，**アオコ**や**赤潮**(あかしお)が発生する。
- 排水などにふくまれる有機物は微生物によって分解される。しかし，有機物が多くなると，微生物に消費される酸素も多くなるため，水中は酸素不足となり，水中の生物が死滅(しめつ)する。

(3) 人間活動と大気のつり合い

- (③) 地球の年平均気温が上昇していること。二酸化炭素などの(④)が宇宙空間への熱の放出をさまたげ，大気や地表を暖めている。
- **フロン**などにより大気の上層にある(⑤)が破壊され，オゾンホールが現れた。オゾンホールが拡大すると，地表に到達(とうたつ)する**紫外線**(しがいせん)が増大し，生物に悪影響をおよぼす。

② エネルギーの供給 教 p.247～p.252

1 電気エネルギーの供給

(1) (⑥) 石炭，石油，天然ガスなどの燃料による熱で高温・高圧の水蒸気を発生させ，発電機を回す。

(2) (⑦) ダムにたくわえた水を管の中に流して発電機を回す。

(3) (⑧) ウランの原子核の分裂で発生する熱で高温・高圧の水蒸気を発生させ，発電機を回す。

(4) (⑨) 使い続けてもなくならない，太陽光(太陽熱)，風力，水力，地熱，バイオマスなどのエネルギー資源のこと。

満点★ミッション

①**外来種**(がいらいしゅ)
人間の活動によって地域の外から持ちこまれ，野生化した生物。

②**在来種**(ざいらいしゅ)
ある地域にもともと生息していた生物。

③**地球温暖化**
地球の年平均気温が上昇していること。

④**温室効果ガス**
宇宙への熱の放出をさまたげ，地球を暖める効果のある気体。

⑤**オゾン層**
大気の上層にあるオゾンの濃度が高い層。紫外線を吸収し，地表にとどく紫外線を弱める。

⑥**火力発電**
化石燃料の化学エネルギーを電気エネルギーに変換する。

⑦**水力発電**
水の位置エネルギーを電気エネルギーに変換する。

⑧**原子力発電**
ウランの核エネルギーを電気エネルギーに変換する。

⑨**再生可能エネルギー**
使ってもなくならないエネルギー資源。

ココが要点の答えになります。

(5) 放射線の人体への影響

● 放射線が人体にどれくらいの影響があるかを表すための単位を（⑩　　　　）という。（記号Sv）

③ 身のまわりの素材・技術　教 p.253～p.256

1 プラスチック

(1) ポリエチレンテレフタラート　PETと表す。透明でじょうぶ，薬品に強く，水に沈む。ペットボトルなどに使われる。

(2) （⑪　　　　）　PEと表す。薬品に強く，水に浮く。ポリ袋（ぶくろ）や灯油タンクなどに使われる。

(3) ポリプロピレン　PPと表す。熱や折り曲げに強く，水に浮く。食品容器やストローなどに使われる。

(4) （⑫　　　　）　PSと表す。かたく，水に沈む。食品トレイなどに使われる。

(5) ポリ塩化ビニル　PVCと表す。燃えにくく，じょうぶで，水に沈む。サンダルや電気コードなどに使われる。

2 新素材

(1) 新素材　カーボンナノチューブ，セルロースナノファイバー，自己治癒（ちゆ）セラミックスなどがある。

3 科学技術の発展と私たちの生活

(1) 交通手段の移り変わり　帆船（はんせん）・馬・かご→蒸気機関車・蒸気船・ガソリン自動車→新幹線・飛行機・電気自動車

(2) 通信手段の移り変わり　ほら貝・飛脚（ひきゃく）→電話・郵便→電話・Fax・インターネット

(3) （⑬　　　　）　AIともいう。人間のように学習や判断を行うコンピュータのプログラムが発達してきている。

④ 持続可能な開発目標　教 p.257～p.259

1 持続可能な社会づくりの必要性

(1) （⑭　　　　）　豊かな環境を保全し，幸せに感じて生活でき，それらを将来の世代に引きつぐことができる社会。

2 環境保全の取り組み

(1) （⑮　　　　）　化石燃料の燃焼の際に発生し，**酸性雨**（さんせいう）の原因になる硫黄（いおう）酸化物を排煙から取り除く装置。

3 自然の恵（めぐ）みと災害

(1) 自然の恵みと災害　持続可能な社会をつくるためには，自然の恵みを効率よく利用し，防災・減災につとめる必要がある。

満点★ミッション

⑩**シーベルト**
放射線が人体におよぼす影響を表すための単位。Svで表す。

⑪**ポリエチレン**
火をつけるとよく燃えて，ろうそくのにおいがする。

⑫**ポリスチレン**
火をつけるとよく燃えて，すすが出る。

⑬**人工知能**
人間のように学習・判断ができる，発達したプログラム。

⑭**持続可能な社会**
環境の保全と幸せな生活を将来に引きつげる社会。

⑮**排煙脱硫装置**（はいえんだつりゅう）
化石燃料を燃やすと発生し，大気を汚染する硫黄酸化物を排煙から取り除く装置。

テストに出る！
予想問題　自然・科学技術と人間
30分　/100点

1 自然環境と人間について，次の問いに答えなさい。　4点×3〔12点〕

(1) ある地域にそれまで生息していなかった生物が持ちこまれ，野生化することがある。このような生物を何というか。（　　　）

(2) (1)のような生物について，次のア～エから正しいものをすべて選びなさい。（　　　）

ア (1)のような生物が大繁殖（はんしょく）してもすぐにつり合いのとれた状態にもどるので，在来種に大きな影響はない。

イ 在来種の食物や生息場所を奪（うば）い，在来種が減少してしまうことがある。

ウ (1)のような生物とは，外国から日本に入ってきて，日本で大繁殖したもののことだけをいう。

エ (1)のような生物の中には，植物や海藻もふくまれる。

(3) 窒素などをふくむ養分が海や河川に流れこむことにより，プランクトンが大量発生し，海が赤く見える現象を何というか。（　　　）

よく出る 2 右の図は，世界の年平均気温の変化を表したグラフである。これについて，次の問いに答えなさい。　4点×3〔12点〕

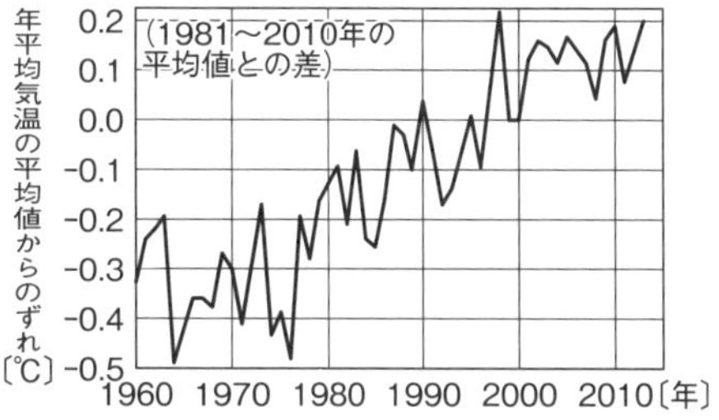

(1) 右のグラフから，地球の年平均気温が上昇していることがわかる。このことを何というか。（　　　）

(2) 石油や石炭などの燃料のことを何というか。（　　　）

(3) (2)を燃やすと発生する二酸化炭素は，地球から宇宙に放出する熱の流れをさまたげ，大気や地表を暖め，気温の上昇をもたらす。このようなはたらきを何というか。（　　　）

3 オゾン層や放射線について，次の問いに答えなさい。　4点×2〔8点〕

(1) 地球を取りまく大気の上層にあるオゾン層は，紫外線から地表の生物を保護する役割をしている。しかし，冷暖房器具などに使用されたある化学物質によって，オゾン層のオゾンが分解され，濃度が低くなって問題になっている。オゾンを分解するある化学物質とは何か。（　　　）

(2) 放射線について，次のア～ウから正しいものを選びなさい。（　　　）

ア 日常の生活の中で，放射線を受けることはまったくない。

イ 放射線はとても小さなエネルギーをもった光の一種である。

ウ 一度に大量の放射線を受けると，死に至ることもある。

4 電気エネルギーの供給について，次の問いに答えなさい。 5点×5〔25点〕

(1) ウランの原子核の分裂で発生する熱で高温・高圧の水蒸気を発生させ，発電機を回す発電方法を何というか。 (　　　　　)

(2) ダムにたくわえた水を管の中に流して発電機を回す発電方法を何という。 (　　　　　)

(3) 化石燃料の燃焼による熱で，高温・高圧の水蒸気を発生させ，発電機を回す発電方法を何というか。 (　　　　　)

(4) 発電のために使い続けてもなくならないエネルギー資源のことを何というか。 (　　　　　)

(5) (4)のエネルギー資源ではないものを，次のア～オから選びなさい。 (　　)

ア 地熱　イ 石炭　ウ バイオマス　エ 太陽光(太陽熱)　オ 風力

5 プラスチックについて，次の問いに答えなさい。 5点×4〔20点〕

(1) ほとんどのプラスチックは，何を原料としてつくられているか。次のア～オから選びなさい。 (　　)

ア 石炭　イ 天然ガス　ウ 木材　エ 石油　オ 金属

(2) PETと表示されるプラスチックは何か。名称を答えなさい。 (　　　　　)

(3) 水に沈むプラスチックは，ポリエチレン，ポリ塩化ビニル，ポリプロピレンのどれか。 (　　　　　)

(4) 火をつけるとよく燃えてすすが出るプラスチックは，ポリエチレンとポリスチレンのどちらか。 (　　　　　)

6 科学技術の発展について，次の問いに答えなさい。 4点×2〔8点〕

(1) 世界中の最新情報を瞬時に得ることができる通信システムのことを何というか。 (　　　　　)

(2) 自動車に取りつけられたレーダーやカメラから自動車の周囲の状況を検知しつつ，総合的に状況を判断して自動運転を可能にするコンピュータのプログラムのことを何とよんでいるか。 (　　　　　)

7 持続可能な開発目標(SDGs)などについて，次の問いに答えなさい。 5点×3〔15点〕

(1) 豊かな環境を保全し，幸せを感じて生活でき，それらを将来の世代に引きつぐことができる社会のことを何というか。 (　　　　　)

(2) 化石燃料を燃やす際に発生し，酸性雨の原因になる硫黄酸化物を，排煙から取り除く装置を何というか。 (　　　　　)

(3) 7月～10月ごろに日本付近を通過して，大雨と強風による災害を起こすことがある気象現象を何というか。 (　　　　　)

解答 p.16

巻末特集

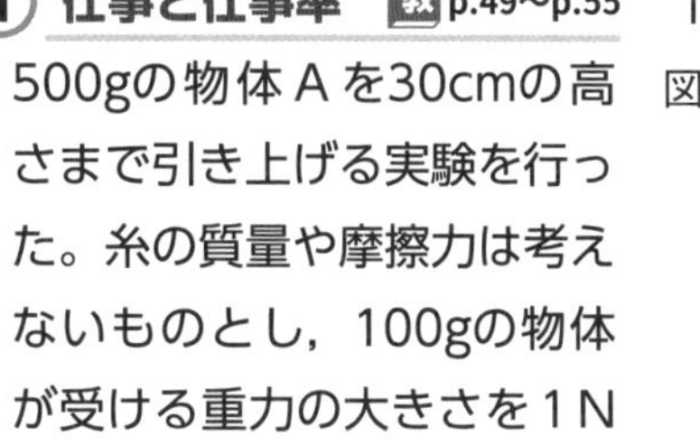

教科書で学習した内容の問題を解きましょう。

① 仕事と仕事率 教 p.49〜p.55

下の図１や図２のように，定滑車や斜面を使って，質量500gの物体Ａを30cmの高さまで引き上げる実験を行った。糸の質量や摩擦力は考えないものとし，100gの物体が受ける重力の大きさを１Nとして，次の問いに答えなさい。

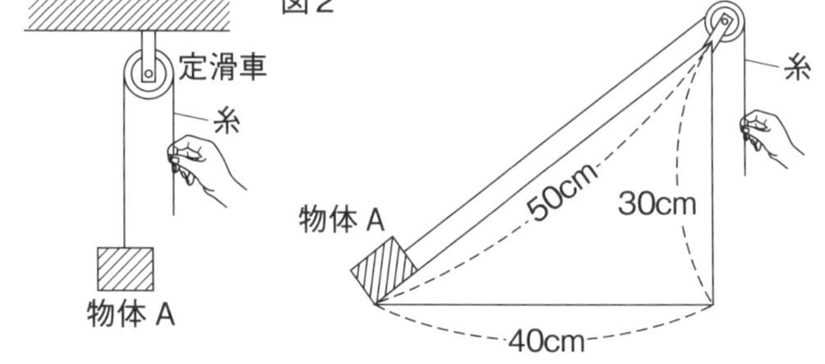

⑴ 図１において，手で糸を30cmゆっくり引き下げたとき，手が物体Ａにした仕事の大きさは何Jか。（　　　　）

⑵ 図２において，手で糸を50cmゆっくり引き下げたとき，手が糸を引いた力の大きさは何Nか。（　　　　）

⑶ ⑵のとき，手で糸を１秒間に５cmずつ引き下げた。このときの仕事率は何Wか。（　　　　）

⑷ 物体Ａを30cmの高さまで引き上げるのに，図１では５秒，図２では10秒かかったとすると，図１での仕事率は図２での仕事率の何倍になるか。（　　　　）

② 遺伝の規則性 教 p.98〜p.108

エンドウの種子の形には丸粒のものとしわ粒のものがある。丸粒の形質を表す遺伝子をR，しわ粒の形質を表す遺伝子をｒとする。純系の丸粒の親と純系のしわ粒の親をかけ合わせると，できた子はすべて丸粒であった。できた子を自家受粉させると，右の図のように孫ができた。これについて，次の問いに答えなさい。

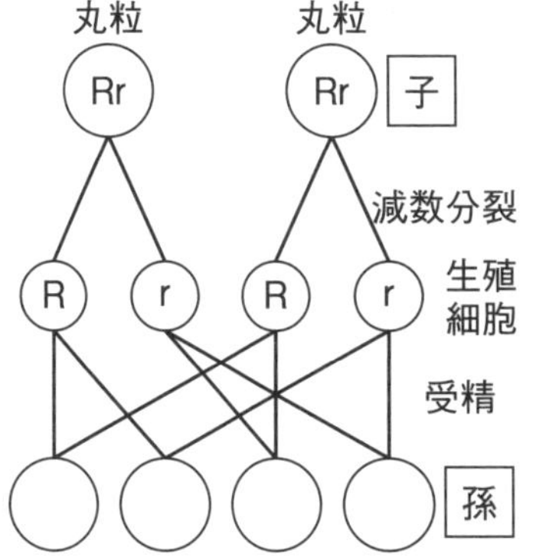

⑴ 孫の代でできる種子の遺伝子の組み合わせの比を整数で表しなさい。　RR：Rr：rr＝（　　　　）

⑵ 孫の代において，800個の種子ができたとすると，Rrという遺伝子の組み合わせをもつ種子はおよそ何個できたと考えられるか。（　　　　）

⑶ 孫の代において，600個の種子ができたとすると，丸粒の種子はおよそ何個できたと考えられるか。（　　　　）

⑷ 遺伝子の組み合わせがわからない丸粒の親にしわ粒の親をかけ合わせると，丸粒としわ粒の子ができた。このことから，丸粒の親の遺伝子の組み合わせはRrであることがわかる。そのように判断できる理由を説明しなさい。

（　　　　　　　　　　　　　　　　　　　　）

中間・期末の攻略本

取りはずして使えます!

解答と解説

学校図書版　理科3年

3－1　運動とエネルギー

第1章　力のつり合い

p.2～p.3　ココが要点

①水圧　②垂直　③浮力　④体積
㋐等しい　㋑浮力
⑤力の合成　⑥合力
㋒対角線
⑦力の分解　⑧分力　⑨作用　⑩反作用
⑪作用・反作用の法則

p.4～p.5　予想問題

1 (1)水の重さ　(2)イ　(3)イ　(4)ア

2 (1)7 N　(2)2 N
(3)①大きい　②大きい　③上　(4)イ

3 (1)30N　(2)0 N　(3)ウ
(4)向き…Bさん　力の大きさ…10N

4 (1)①力の合成　②合力
(2)下図　(3)㋐4 N　㋑8 N　㋒6 N

㋐ F_1 O F_2
㋑ O F_1 F_2
㋒ F_1 O F_2

解説

1 (1)水の重さによって生じる圧力を水圧という。
(2)B面の上にある水の量は，A面の上にある水の量よりも多いので，B面での水圧はA面での水圧に比べて大きくなっている。
(3)(4) **ポイント** 水圧は，水の深さが深くなるほど大きくなり，あらゆる向きの面に対して垂直にはたらく。

2 (1) **ポイント** 重力は空気中でも水中でも変わることがない。図1より，おもりを入れた容器にはたらく重力は7 Nであることがわかる。
(2)空気中ではかったときのばねばかりの値と，水中ではかったときのばねばかりの値の差が浮力である。よって，
7 − 5 = 2〔N〕
(3)物体の側面にはたらく水圧は，たがいに等しく反対向きなので，打ち消し合う。物体の上面から下向きにはたらく水圧は，物体の下面から上向きにはたらく水圧よりも小さい。したがって，水中にある物体は，上向きの力を受けることになる。これが浮力である。
(4)浮力は，水に沈んでいる物体の体積に関係する。水の深さや物体の重さには関係がない。
参考 物体にはたらく重力が物体にはたらく浮力よりも大きい場合，物体は沈んでいく。反対に，物体にはたらく重力が物体にはたらく浮力よりも小さい場合，物体は浮かび上がっていく。

3 (1)一直線上で同じ向きにある2力なので，合力の大きさは2力の和になる。
10 + 20 = 30〔N〕
(2)15 − 15 = 0〔N〕となり，この2力はつり合っていることがわかる。
(4)一直線上で反対向きにある2力なので，合力の大きさは2力の差になる。
30 − 20 = 10〔N〕

合力の向きは，大きいほうの力の向きとなる。

4 (2)㋐一直線上で反対向きにある２力なので，合力の大きさは２力の差になる。
㋑㋒２力をとなり合う２辺とする平行四辺形を作図すると，合力を表す矢印は平行四辺形の対角線で表される。

p.6～p.7 予想問題

1 (1)

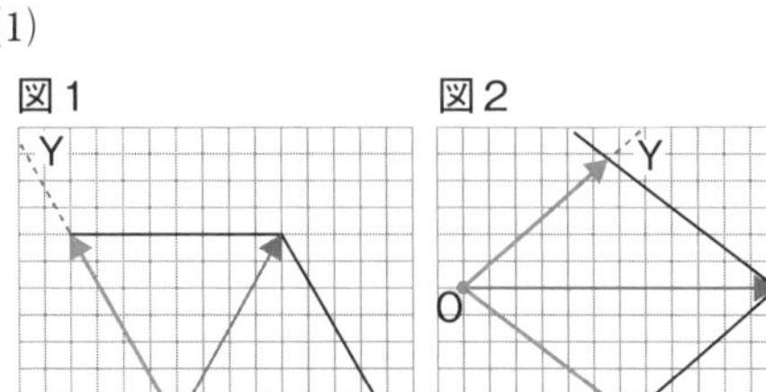
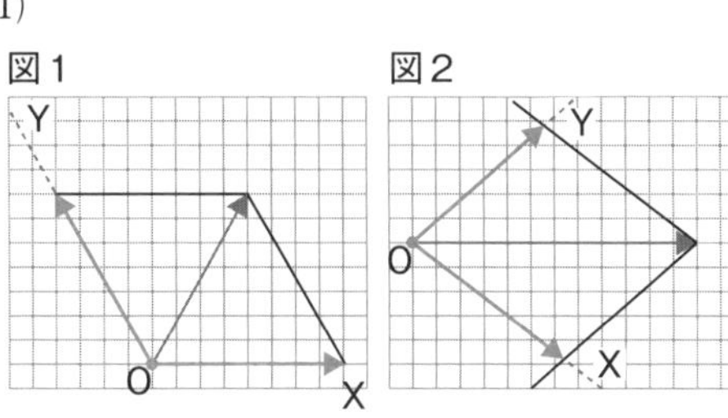

(2)①力の分解　②分力

2 (1)エ
(2)ＡさんがＢさんから受ける力
（ＢさんがＡさんを押し返す力）
(3)Ａさんが壁から受ける力
（壁がＡさんを押し返す力）
(4)ウとエ

3 (1)机が物体を押す力
(2)物体が机を押す力
(3)①つり合って　②作用・反作用

4 (1)(2)下図　(3)イ　(4)ア

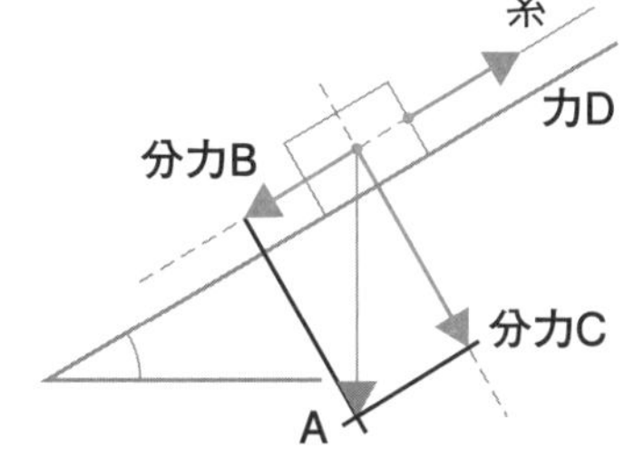

(5)A…ウ　B…ア　C…イ

解説

1 (1) ポイント 力の矢印が対角線となるような平行四辺形を作図する。その際に，となり合う２辺の方向がＸとＹの方向になるようにする。

2 (1)(2)ＡさんがＢさんを押したとき，同時にＢさんがＡさんを押し返す力がはたらく。
(3)Ａさんが壁を押したとき，同時に壁がＡさんを押し返す力がはたらく。
(4)つり合う２力は，どちらもＡさんにはたらき，反対向きで大きさが等しい。

3 つり合っている２力は，１つの物体に対してはたらく力である。一方，作用・反作用の関係にある２力は２つの物体の間で，たがいにはたらき合う力である。

4 (2)分力Ｂと糸が物体を支える力がつり合う。作用点を糸と物体の接する点として，分力Ｂと反対向きで，同じ大きさの力を作図する。
(5)斜面の角度を大きくしても，重力の大きさは変わらない。しかし，斜面の角度が大きくなるほど，重力の斜面に沿った方向の分力は大きくなり，斜面に垂直な方向の分力は小さくなる。

第２章　力と運動

p.8～p.9 ココが要点

①速さ　②キロメートル毎時
③平均の速さ　④瞬間の速さ　⑤自由落下
⑥等速直線運動　⑦慣性　⑧慣性の法則

p.10～p.11 予想問題

1 (1)長いとき　(2)図４　(3)図５

2 (1)①75m　②10s　③7.5m/s
(2)メートル毎秒　(3)80km/h
(4)①平均の速さ　②瞬間の速さ

3 (1)B　(2)D　(3)24cm/s
(4)だんだん大きくなった。　(5)ウ

4 (1)60回　(2)30cm/s
(3)大きくなった。
(4)70cm/s　(5)イ　(6)自由落下

解説

1 物体と物体の間隔が長いほど物体は速く運動している。物体と物体の間隔が一定の長さで続いているとき，物体は一定の速さで運動している。

2 (1)速さ＝$\dfrac{移動距離}{移動にかかった時間}$　で表される。

(3) $\dfrac{320〔\mathrm{km}〕}{4〔\mathrm{h}〕}=80〔\mathrm{km/h}〕$

3 (1)打点が重なり合って区別できない部分は捨てて，打点が区別できる点から使う。
(2)物体の速さが大きいほど，打点の間隔は長い。

(3) $\dfrac{2.4〔\mathrm{cm}〕}{0.1〔\mathrm{s}〕}=24〔\mathrm{cm/s}〕$

4 (1)図より，0.1秒間で6打点していることがわかる。よって，1秒間では60打点する。
(2)テープの長さが3 cmなので，速さは，

$\frac{3〔\mathrm{cm}〕}{0.1〔\mathrm{s}〕} = 30〔\mathrm{cm/s}〕$

(4)テープの長さが7 cmなので，速さは，

$\frac{7〔\mathrm{cm}〕}{0.1〔\mathrm{s}〕} = 70〔\mathrm{cm/s}〕$

(3)(5)物体の運動と同じ向きに一定の力を受け続けると，物体の速さは一定の割合で増加していく。また，受ける力が大きくなると，物体の速さの増し方が大きくなる。斜面上の台車にはたらく重力の斜面に沿った下向きの力は，斜面の角度が大きくなるほど大きくなる。

p.12～p.13 予想問題

1 (1) $\frac{1}{60}$秒　(2)ア　(3)ア
(4)68cm/s　(5)等速直線運動
(6)80cm/s　(7)ウ　(8)摩擦力

2 (1)①重力　②0
(2)80cm/s　(3)80cm/s　(4)㋑
(5)㋐

3 (1)ア　(2)イ
(3)①慣性　②慣性の法則

解説

1 (2)(3)台車が斜面を下るとき，斜面に沿って下向きの力を受け続けるため，テープの長さがしだいに長くなっていく。
(4)3打点するには$\frac{1}{60} \times 3 = 0.05$秒かかる。
よって，3本目のテープを記録したときの台車の速さは，

$\frac{3.4〔\mathrm{cm}〕}{0.05〔\mathrm{s}〕} = 68〔\mathrm{cm/s}〕$

(5)(6)摩擦力がはたらかない水平面上を運動する物体は，一定の速さで一直線上を進む等速直線運動をする。このときの速さは，

$\frac{4〔\mathrm{cm}〕}{0.05〔\mathrm{s}〕} = 80〔\mathrm{cm/s}〕$

(7)(8)摩擦力のように，運動とは反対向きの力を物体が受け続けるとき，物体の運動の速さは減少する。

2 (2) $\frac{24〔\mathrm{cm}〕}{0.3〔\mathrm{s}〕} = 80〔\mathrm{cm/s}〕$

(3) $\frac{48〔\mathrm{cm}〕}{0.6〔\mathrm{s}〕} = 80〔\mathrm{cm/s}〕$

(4)速さが一定の運動（等速直線運動）なので，グラフは水平な直線になる。
(5)等速直線運動では，移動距離は時間に比例するので，グラフは原点を通る，右上がりの直線になる。

3 (1)からだは運動している状態を続けようとするが，電車が止まろうとするため，からだが進行方向に傾く。
(2)からだは静止した状態を続けようとするが，電車は運動しようとするため，からだが進行方向とは逆向きに傾く。
(3)物体が力を受けていないときや，物体が受けている力の合力が0のとき，物体は等速直線運動や静止している状態を続ける。これを慣性の法則という。

第3章　仕事とエネルギー

p.14～p.15 ココが要点

①仕事
㋐ $\frac{1}{2}$　㋑2　㋒ $\frac{1}{4}$　㋓4
②仕事の原理　③仕事率　④エネルギー
⑤位置エネルギー　⑥運動エネルギー
⑦力学的エネルギー
⑧力学的エネルギーの保存
⑨エネルギーの保存　⑩放射（熱放射）

p.16～p.17 予想問題

1 (1)1800J　(2)1800J　(3)150N
(4)12m　(5)1800J　(6)イ
(7)仕事の原理　(8)1800J
(9)180N　(10)450W

2 (1)比例
(2)比例
(3)大きくする。
(4)高くする。

3 (1)ア
(2)大きくする。

(3)力学的エネルギー

解説

1 (1)100gの物体が受ける重力の大きさが1Nなので，30kgの物体が受ける重力の大きさは，300Nである。したがって，仕事の大きさは，

300〔N〕×6〔m〕=1800〔J〕

(3)動滑車は2本のひもで支えるので，加える力は半分ですむ。

300〔N〕÷2=150〔N〕

(4)動滑車を使うと，加える力は半分になるが，ひもを引く距離が2倍になる。

(5)150〔N〕×12〔m〕=1800〔J〕

(6)(7)動滑車を使っても使わなくても，仕事の大きさは1800Jで等しくなっている。これを，仕事の原理という。

(8)(9)仕事の原理より，30kgの物体を6mの高さまで引き上げる仕事は1800Jである。この仕事をするために物体を10m動かしているので，引き上げる力をxNとすると，

x〔N〕×10〔m〕=1800〔J〕

x=180〔N〕

(10)1800Jの仕事を4秒で行ったので，仕事率は，

$\frac{1800〔J〕}{4〔s〕}=450〔W〕$

2 (1)(2)グラフから，くいの打ちこまれた深さと，高さや質量の関係をグラフに表すと，どちらも原点を通る直線になることから，位置エネルギーの大きさは，高さに比例し，また質量にも比例することがわかる。

3 (1)図2から，物体が速いほどおもりの移動距離は長いので，運動エネルギーは物体が速いほど，大きくなることがわかる。

p.18～p.19 予想問題

1 (1)B　(2)イ　(3)A，C

(4)ア，エ

(5)力学的エネルギーの保存

2 (1)エネルギーの保存　(2)㋑

(3)30%　(4)㋓

3 (1)運動　(2)イ　(3)エ

(4)H　(5)核

(6)発光ダイオード

4 (1)伝導（熱伝導）　(2)対流（熱対流）

(3)放射（熱放射）　(4)赤外線　(5)㋐

解説

1 (1)(2) **ポイント** A点にあったときの位置エネルギーは，B点ではすべて運動エネルギーに移り変わっている。そのため，B点ではおもりの速さが最も大きくなっている。その後，運動エネルギーは再び位置エネルギーに移り変わり，C点ではすべて位置エネルギーになっている。

(3)運動エネルギーが0になっているA点とC点では，速さが0になっている。

(4)(5)物体のもつ位置エネルギーと運動エネルギーの和を力学的エネルギーといい，一定に保たれている。そのため，A点やC点での位置エネルギーとB点での運動エネルギーの大きさは等しい。

2 (2)利用できないエネルギーの発生が少ないものほど，エネルギーの変換効率が高いという。照明器具は，光エネルギーに変換できる電気エネルギーが多いほど変換効率が高いといえる。

(4)モーターは，運動エネルギーに変換できる電気エネルギーが多いほど変換効率が高いといえる。

3 (1)手回し発電機は，運動エネルギーを電気エネルギーに変換することができる。

(2)(3)電気エネルギーを運動エネルギーに変換する装置は，モーターである。電熱線は電気エネルギーを熱エネルギーに，電球は電気エネルギーを光エネルギーに，光電池は光エネルギーを電気エネルギーに，電子ブザーは電気エネルギーを音のエネルギーに変換して利用している。

(6)電気エネルギーを100%としたときの光エネルギーへの変換効率は，白熱電球で約10%以下，けい光灯で約20%，発光ダイオードで約30～50%である。

4 ㋐のように，物体の中を熱が伝わることを伝導（熱伝導）という。㋑のように，水や空気などが移動して熱を運ぶことを対流（熱対流）という。㋒のように，主に赤外線が空間を伝わり，ほかの物体に当たることで熱が移動することを放射（熱放射）という。

3－2　生物どうしのつながり

第1章　生物の成長・生殖

p.20～p.21　ココが要点

①細胞分裂　②染色体　③体細胞分裂
㋐複製　㋑2　㋒核
④生殖　⑤無性生殖　⑥卵
⑦精子　⑧生殖細胞
⑨受精　⑩有性生殖
㋓卵巣　㋔精子　㋕胚
⑪花粉管　⑫精細胞　⑬卵細胞
㋖柱頭　㋗胚珠　㋘胚

p.22～p.23　予想問題

1 (1)㋑　(2)B
(3)染色体
(4)酢酸カーミン液
(酢酸オルセイン液)

2 (1)㋓→㋒→㋕→㋐→㋔→㋑
(2)①染色体　②2　③1　④体細胞分裂
(3)大きくなること。

3 (1)体細胞分裂
(2)ジャガイモ，サツマイモ，イチゴ，チューリップなどから1つ
(3)無性生殖

4 (1)A…精子　B…卵
(2)生殖細胞　(3)精巣
(4)受精　(5)受精卵　(6)有性生殖
(7)胚　(8)発生

5 (1)柱頭　(2)受粉　(3)花粉管
(4)精細胞　(5)卵細胞
(6)種子

解説

1 (1)～(3)根の先端に近い部分では細胞分裂がさかんに起こっているので，細胞は小さく，数が多い。また，細胞の中に染色体が見られるものもある。
(4)染色液には，酢酸カーミン液，酢酸オルセイン液などがあり，核や染色体を染める。

2 (1)細胞分裂するとき，まず核の中で変化が始まる。このとき，核の中の染色体が複製され，数が2倍になる。細胞分裂が始まると，核の中に染色体が現れ，核の形が見えなくなる。次に，染色体が細胞の中央付近に集まったあと，染色体が2等分されて細胞の両端に移動する。その後，細胞の両端に核が現れ，染色体が見えなくなっていく。このとき，中央にしきりが現れる。やがて，細胞質も2つに分かれ，2個の細胞になる。
(2)1つの細胞の染色体の数は，分裂前に2倍にふえ，分裂によって2つに分けられる。そのため，分裂の前後で1つの細胞の染色体の数は変わらない。このような分裂を体細胞分裂という。
(3)植物では細胞分裂によってふえたそれぞれの細胞が大きくなることで，成長する。

3 **ポイント** アメーバやミカヅキモのような単細胞生物だけでなく，多細胞生物の無性生殖も体細胞分裂によって行われる。

4 (1)～(3) **ポイント** 生殖のためにつくられる特別な細胞を，生殖細胞という。動物の生殖細胞には，雄のつくる精子と，雌のつくる卵がある。精子は精巣で，卵は卵巣でつくられる。
(7)(8)受精卵は体細胞分裂をして胚になる。胚はさらに体細胞分裂をして成長し，成体（生殖可能な個体）になる。受精卵からからだがつくられていき，成体になるまでの過程を，発生という。

5 被子植物では，柱頭についた花粉から胚珠に向かって花粉管が伸びる。花粉管の中を移動してきた精細胞の核は，胚珠の中の卵細胞の核と受精し，受精卵ができる。受精卵は体細胞分裂をして胚になり，胚珠は種子になる。

第2章　遺伝と進化

p.24～p.25　ココが要点

①遺伝　②遺伝子
③減数分裂
㋐減数
④対立形質　⑤純系
⑥顕性の形質　⑦潜性の形質
⑧分離の法則
㋑丸粒　㋒しわ粒
⑨DNA　⑩進化　⑪相同器官

p.26〜p.27 予想問題

1 (1)減数分裂　(2)同じになる。
(3)雄と雌の染色体を半分ずつ受けつぐ。

2 (1)分離の法則　(2)丸粒
(3)㋐RR　㋑Rr
(4)㋐丸粒　㋑丸粒
(5)3：1

3 (1)ア　(2)純系　(3)ウ
(4)デオキシリボ核酸
(5)遺伝子組換え技術

4 (1)相同器官　(2)進化
(3)ある。　(4)魚類
(5)シソチョウ
(6)①ウ　②イ　③ア

解説

1 (1)(2)Aの細胞分裂は，どちらも細胞の染色体の数が半分になっているので，減数分裂である。減数分裂によって染色体の数が半分になっている生殖細胞どうしが受精することによって，受精卵の染色体の数は親の染色体の数と同じになっている。

(3)動物の有性生殖では，減数分裂によってできた卵と精子が受精することで，雌と雄の染色体を半分ずつ受けついだ受精卵ができる。

2 (1)減数分裂によって生殖細胞がつくられるとき，対になっている遺伝子が分かれて別べつの生殖細胞に入る。このことを分離の法則という。図1では，分離の法則の結果，丸粒のRRの組み合わせの遺伝子をもつ親からできた生殖細胞はRの遺伝子をもち，しわ粒のrrの組み合わせの遺伝子をもつ親からできた生殖細胞はｒの遺伝子をもつ。

(2)Rの遺伝子をもつ生殖細胞とｒの遺伝子をもつ生殖細胞が受精するので，受精卵の遺伝子の組み合わせはRrとなる。顕性の形質の遺伝子をもつので，顕性の形質が現れ，潜性の形質は現れない。

(3)(4)孫㋐は，両方の親からRを受けついでいるので，遺伝子の組み合わせはRRとなり，丸粒になる。孫㋑は，一方の親からｒを受けつぎ，もう一方の親からRを受けついでいるので，遺伝子の組み合わせはRrとなり，丸粒になる。

(5)孫では，遺伝子の組み合わせが，RR：Rr：rr＝1：2：1の数の比で現れることがわかる。RRとRrは丸粒になり，rrはしわ粒になるので，丸粒：しわ粒＝3：1となる。

3 (2)純系のエンドウでは，遺伝子の組み合わせがAAやaaのように同じものが対になっている。このため，自家受粉によって代を重ねても，その形質はすべて同じになる。

(5)ある生物からDNAを取り出し，ほかの生物に移す技術を遺伝子組換え技術という。農作物の品種改良では，これを利用して，農作物として優秀な形質をもつものをふやしていくことがある。

4 (1)(2)現在の形やはたらきが異なっていても，もともとは同じであると考えられる器官を，相同器官という。相同器官の存在は，生物の進化の証拠の1つとして考えられている。

(4)魚類，両生類，は虫類，哺乳類，鳥類の順に出現したと考えられている。

(5)シソチョウの口には歯があり，尾が長く，つばさには爪のついた指がある。

(6)オーストラリアハイギョは，肺をもち，前あしや後あしのようなひれをもつ，両生類に似た魚類である。カモノハシは，は虫類に似た骨格をもち，卵生であるが，からだは毛におおわれ，乳で子を育てる。体温を保つしくみは発達していない。羽毛恐竜は，羽毛におおわれた恐竜で，近年は化石が多く見つかっている。

第３章　生態系

p.28～p.29　ココが要点

①環境　②生態系　③食物連鎖
④食物網　⑤生産者　⑥消費者
㋐三次　㋑二次　㋒一次
⑦分解者　⑧循環
㋓酸素　㋔二酸化炭素
⑨生物量

p.30～p.31　予想問題

1 (1)食物連鎖　(2)食物網
(3)消費者　(4)生産者

2 (1)A…変化しない。
B…青紫色になる。
(2)①デンプン　②微生物（分解者）

3 (1)A…エ　B…ア　C…イ　D…ウ
(2)A　(3)分解者

4 (1)①二酸化炭素　②酸素
(2)㋐呼吸　㋑光合成
(3)A…生産者　B…消費者
C…消費者　D…分解者

5 (1)A…イ　B…ウ　C…エ　D…ア
(2)ア→ウ→イ→エ

解説

1 (1)(2)同じ地域に生息する生物どうしの「食べる・食べられる」の関係のつながりを食物連鎖という。自然界では多くの食物連鎖が網の目のようにからみ合っていることから，食物網をつくっているととらえることができる。
(3)(4)生物Dは，生産者である。生産者は光合成によって自ら有機物をつくっている。生物Cは,植物を食べる草食動物である。草食動物は,生産者がつくった有機物を直接的に消費している。生物Bは，草食動物を食べる肉食動物である。生物Aは，草食動物や肉食動物を食べる肉食動物である。肉食動物は，生産者がつくった有機物を間接的に消費している。生物Dを生産者というのに対し,生物A～Cを消費者という。

2 落ち葉の下の土には，菌類や細菌類などの分解者が生息している。そのため，Aではデンプンが分解されてなくなり，ヨウ素液を加えても色が変化しない。一方，採取した土を加熱したBでは分解者がいなくなっている。そのため，デンプンがそのまま残り，ヨウ素液を加えると青紫色に変化する。デンプンは，分解者によって，最終的に二酸化炭素や水などの無機物に分解される。

3 土中にも食物網がある。落ち葉や枯れ木などは，消費者であり分解者でもあるミミズ，ダンゴムシ，菌類や細菌類などによって消費，分解される。これらの分解者は，ムカデなどに食べられる。

4 (1)①すべての生物から出されている気体であることから，二酸化炭素であることがわかる。
②すべての生物に取り入れられている気体であることから，酸素であることがわかる。すべての生物は呼吸をして，酸素を取り入れ，二酸化炭素を排出している。
(2)㋐生物Aが酸素を取り入れて二酸化炭素を排出するはたらきを呼吸という。
㋑生物Aが二酸化炭素を取り入れて酸素を排出するはたらきを光合成という。
(3)生物Aは植物（生産者），生物Bは植物を食べる動物（一次消費者），生物Cは動物を食べる動物（二次消費者）を表す。生物Dは生物の死がいや排出物などから養分を得ている分解者を表している。

5 (1)エノコログサ（生物D）はトノサマバッタ（生物C）に食べられ，トノサマバッタはモズ（生物B）に食べられ，モズはタカ（生物A）に食べられる。
(2)生物Bの生物量が増えると，生物Bを食べる生物Aが増え，生物Bに食べられる生物Cが減る。ある生物の生物量が変化すると，その生物を食べる生物やその生物に食べられる生物の生物量が変化する。

3－3　化学変化とイオン

第1章　水溶液とイオン

p.32～p.33　ココが要点

㋐○　㋑○

①電解質　②非電解質　③原子　④原子核

⑤陽子　⑥中性子　⑦陽イオン　⑧陰イオン

㋒陰　㋓陽

⑨塩素　⑩Cu

㋔水素　㋕塩素

⑪電離

㋖Na^{+}　㋗Cu^{2+}　㋘Cl^{-}　㋙H^{+}　㋚Cl^{-}

㋛Cu^{2+}

p.34～p.35　予想問題

1 (1)イ，ウ

(2)塩酸，水酸化ナトリウム水溶液
塩化ナトリウム水溶液，塩化銅水溶液

(3)水に溶けたときに電流が流れる物質
(水に溶けたときにイオンが生じる物質)

2 (1)㋐陽子　㋑中性子　㋒電子

(2)原子核

3 (1)－極

(2)陰極…銅　陽極…塩素

(3)$CuCl_2 \longrightarrow Cu + Cl_2$

4 (1)電極A…ウ　電極B…ウ

(2)ある。　(3)Cl_2

(4)電気分解　(5)ア

5 (1)電離

(2)銅イオン…銅原子が電子を2個放出してできる。
塩化物イオン…塩素原子が電子を1個受け取ってできる。

(3)①H^{+}　②Cu^{2+}

(4)㋐塩化ナトリウム　㋑塩化水素

(5)①$CuCl_2 \longrightarrow Cu^{2+} + 2Cl^{-}$
②$HCl \longrightarrow H^{+} + Cl^{-}$
③$NaCl \longrightarrow Na^{+} + Cl^{-}$

解説

1 (1) ポイント 調べる液体が混ざらないように，1つの液体を調べるごとに，電極を蒸留水で洗う。また，わずかな電流しか流れない場合，豆電球に明かりがつかないこともあるので，電流計の針が振れるかどうかにも注目する。

(2)(3)水に溶けたときに，その水溶液に電流が流れる物質を電解質という。塩化水素，水酸化ナトリウム，塩化ナトリウム，塩化銅は電解質である。砂糖やエタノールは非電解質である。蒸留水には電流が流れない。

2 ポイント 原子は，＋の電気をもつ原子核と－の電気をもつ電子でできている。原子核は，＋の電気をもつ陽子と，電気をもたない中性子でできている。原子の中の陽子の数と電子の数は等しく，陽子1個がもつ＋の電気の量と電子1個がもつ－の電気の量が等しいので，原子全体としては電気を帯びていない。

3 (1) ミス注意！ 電源装置の＋極に接続した電極を陽極，－極に接続した電極を陰極という。

(2)塩化銅水溶液を電気分解すると，陰極の表面には赤色の銅が付着し，陽極では塩素が発生する。

4 塩酸を電気分解すると，陰極（電極A）で水素が，陽極（電極B）で塩素が発生する。塩素はプールの消毒剤のにおいがする，黄緑色で有毒な気体である。また，塩素には漂白作用があるので，陽極側の液に赤インクをたらすと，インクの色が消える。

5 (2)原子が電子を放出して＋の電気を帯びたものを陽イオンという。原子が電子を受け取って－の電気を帯びたものを陰イオンという。銅イオンは，銅原子が電子を2個放出して，陽イオンになったものである。塩化物イオンは，塩素原子が電子を1個受け取って，陰イオンになったものである。

(4)㋐塩化ナトリウム（NaCl）がナトリウムイオンと塩化物イオンに電離している。
㋑塩化水素（HCl）が水素イオンと塩化物イオンに電離している。

(5)① ミス注意！ 塩化銅$CuCl_2$が銅イオン1個と塩化物イオン2個に電離している。

第2章　酸・アルカリとイオン

p.36～p.37　ココが要点

①リトマス紙　②BTB溶液
③フェノールフタレイン溶液
④pH（ピー・エイチ）　⑤水素イオン
⑥水酸化物イオン　⑦中和　⑧塩
㋐塩　㋑$BaSO_4$

p.38～p.39　予想問題

1 (1)ア，ウ　(2)酸性　(3)黄色
(4)水素イオン　(5)イ，エ
(6)アルカリ性　(7)青色
(8)水酸化物イオン
(9)赤色に変化する。
(10)ア，ウ
(11)ポンという音がして燃える。
(12)水素

2 (1)pH　(2)7
(3)アルカリ性が強くなる。
(4)酸

3 (1)青色リトマス紙　(2)陰極側
(3)＋　(4)H^+
(5)赤色リトマス紙　(6)陽極側
(7)－　(8)OH^-

解説

1 (1)～(3)青色リトマス紙を赤色に変えるのは酸性の水溶液である。酸性の水溶液に緑色のBTB溶液を入れると，水溶液は黄色になる。
(4) ポイント 酸性の水溶液には，共通して水素イオンがふくまれている。
(5)～(7)赤色リトマス紙を青色に変えるのは，アルカリ性の水溶液である。アルカリ性の水溶液に緑色のBTB溶液を入れると，水溶液は青色になる。
(8) ポイント アルカリ性の水溶液には，共通して水酸化物イオンがふくまれている。
(9)フェノールフタレイン溶液は，酸性と中性の水溶液では無色だが，アルカリ性の水溶液では赤色を示す指薬である。
(10)～(12)酸性の水溶液にマグネシウムを入れると，水素が発生する。マッチの火を近づけると，水素はポンという音がして燃える。

2 (1)～(3)pHが7のとき，水溶液は中性である。pHが7より大きくなるにしたがってアルカリ性が強くなり，7より小さくなるにしたがって酸性が強くなる。
(4)水に溶かしたとき，その水溶液が酸性を示す物質を酸，アルカリ性を示す物質をアルカリという。

3 (1)塩酸は酸性の水溶液なので青色リトマス紙を赤色に変化させる。
(2)(3) ポイント 電圧をかけると，青色リトマス紙の陰極側が赤色に変化する。このことから，酸性の性質を示すものは＋の電気を帯びていて，陰極に引きつけられたことがわかる。
(4)塩酸は，塩化水素が水素イオンと塩化物イオンに電離しているので，＋の電気を帯びている水素イオンが酸性の性質を示すことがわかる。
(5)赤色リトマス紙にアルカリ性の水溶液をつけると，青色に変化する。
(6)(7) ポイント 電圧をかけると，赤色リトマス紙の陽極側が青色に変化する。このことから，アルカリ性の性質を示すものは－の電気を帯びていて，陽極に引きつけられたことがわかる。
(8)水酸化ナトリウムは，ナトリウムイオンと水酸化物イオンに電離しているので，－の電気を帯びている水酸化物イオンがアルカリ性の性質を示すことがわかる。

p.40～p.41 予想問題

1 (1)① $KOH \longrightarrow K^+ + OH^-$
② $NaOH \longrightarrow Na^+ + OH^-$
③ $HNO_3 \longrightarrow H^+ + NO_3^-$
(2)NaCl

2 (1)㋐青色　㋒黄色
(2)硫酸バリウム　(3)エ
(4) $H_2SO_4 \longrightarrow 2H^+ + SO_4^{2-}$
(5)① $BaSO_4$　② 2
(6)酸の水素イオンとアルカリの水酸化物イオン

3 (1)酸性　(2)ウ　(3)酸性
(4)㋑　(5)ウ
(6)中性　(7)㋒　(8)起こっていない。
(9)アルカリ性　(10)塩化物イオン
(11)アルカリの陽イオンと酸の陰イオン

解説

1 (1)①水酸化カリウムは，カリウムイオンと水酸化物イオンに電離する。
②水酸化ナトリウムは，ナトリウムイオンと水酸化物イオンに電離する。
③硝酸は,水素イオンと硝酸イオンに電離する。
参考 水酸化物イオンや硝酸イオンは，原子が2個以上集まり全体として－の電気を帯びている。
(2)化学反応式は
$HCl + NaOH \longrightarrow NaCl + H_2O$
であり，塩化ナトリウムという水に溶けやすい塩ができる。

2 (1) ミス注意! アルカリ性の水酸化バリウム水溶液に酸性の硫酸を混ぜているので，中和が起こっている。BTB溶液は中性のとき緑色を示すので，㋑では完全に中和して中性になっていることがわかる。㋐ではアルカリ性を示すので，BTB溶液は青色になる。㋒では酸性を示すので，BTB溶液は黄色になる。
(3) 参考 中和によってできる塩には，水に溶けやすいものと水に溶けにくいものがある。硫酸バリウムは水に溶けにくい塩なので，沈殿ができる。
(4)硫酸は,水素イオンと硫酸イオンに電離する。
(6) ミス注意! 中和は酸の水素イオンとアルカリの水酸化物イオンが結びついて水ができる化学変化のことである。中和が起こると水溶液が必ず中性になるとは限らない。

3 (1)水溶液中に水素イオンがあるので，酸性である。
(2)酸性の水溶液にアルカリ性の水溶液を加えて水ができているので，中和が起こっている。
(3)水溶液中に水素イオンが余っているので，酸性である。
(4)図2の水溶液中の水素イオンと加えた水酸化ナトリウム水溶液中の水酸化物イオンが反応して（中和が起こって），水分子ができる。そのほかのイオンはそのまま残るので，水溶液中のようすはナトリウムイオンが2個，塩化物イオンが2個，水分子が2個で表すことができる。
(6)水溶液中に水酸化物イオンも水素イオンもないので，中性である。
(7)(8)中性の水溶液にアルカリ性の水溶液を加えているので，中和は起こらない。このとき，加えたナトリウムイオンと水酸化物イオンは，そのまま水溶液中に残る。
(9)水溶液中に水酸化物イオンがあるので，アルカリ性である。
(10)水溶液中の塩化物イオンは変化していない。
(11)中和が起こるとき，アルカリの陽イオンと酸の陰イオンが結びついて塩ができる。水酸化ナトリウム水溶液と塩酸の中和でできる塩は塩化ナトリウムである。塩化ナトリウムは水溶液中で電離しているが，水を蒸発させると結晶として取り出すことができる。

第3章　電池とイオン

p.42～p.43　ココが要点

㋐○

①電子　②化学電池　③ダニエル電池

④亜鉛イオン

㋑－　㋒＋

⑤一次電池　⑥充電　⑦燃料電池

p.44～p.45　予想問題

1 (1)鉄　(2)マグネシウム

(3)銅　(4)銅

2 (1)ア

(2)亜鉛の電極…亜鉛原子が電子を２個放出し，亜鉛イオンになる変化。

銅の電極…銅イオンが電子を２個受け取って銅原子になる変化。

(3)b

3 (1)化学電池

(2)$Zn \longrightarrow Zn^{2+} + 2e^-$

(3)$Cu^{2+} + 2e^- \longrightarrow Cu$

(4)ア

4 (1)①化学　②電気　③燃料

④水素　⑤水

(2)$2H_2 + O_2 \longrightarrow 2H_2O$

5 ①○　②×　③○　④○

解説

1 (1)(2)マグネシウムに付着した物質が磁石についたことから，この物質は鉄である。このことから，鉄とマグネシウムでは，マグネシウムのほうがイオンになりやすく，鉄のほうがイオンになりにくいことがわかる。

(3)(4)マグネシウムと鉄に付着した物質はどちらも銅である。このことから，銅はマグネシウム，鉄のどちらよりもイオンになりにくいことがわかる。

2 (1)(2)亜鉛の電極では，亜鉛原子が電子を２個放出して亜鉛イオンになり，水溶液中に溶け出している。亜鉛の電極に放出された電子は，導線を通って銅の電極に移動する。銅の電極の表面では，水溶液中に溶けていた銅イオンが電子を２個受け取り，銅原子となって付着する。

このように，電子が亜鉛の電極から銅の電極に移動するときに電流が流れ，モーターが回る。この電池では，亜鉛の電極が－極，銅の電極が＋極になっている。

3 (4)亜鉛原子が亜鉛イオンとして溶け出すと，－極側が＋の電気を帯びる。また，＋極側では銅イオンが銅原子になるので，－の電気を帯びる。セロファンは亜鉛イオンを通して硫酸銅水溶液側に，硫酸イオンを通して硫酸亜鉛水溶液側に移動させる。こうすることで，水溶液中の電気のかたよりをおさえることができる。

4 (1)水の電気分解では，水に電気エネルギーを加えて，水素と酸素に分解している。燃料電池では，水素と酸素を化学変化させて電気エネルギーを取り出している。燃料電池の反応では，水だけが生じる。また，水素と酸素を供給し続ければ，継続して電気エネルギーを取り出せる。

(2)燃料電池では，水の電気分解

$2H_2O \longrightarrow 2H_2 + O_2$

と逆の化学変化が起こっている。

5 二次電池とは充電することでくり返し使うことができる電池のことである。リチウムイオン電池，ニッケル水素電池や鉛蓄電池などがある。充電することができない使い切りの電池は，一次電池という。マンガン乾電池，アルカリ乾電池，酸化銀電池，空気亜鉛電池，リチウム電池などがある。

3－4　地球と宇宙

第１章　太陽系と宇宙の広がり

p.46～p.47　ココが要点

①天体　②太陽系　③惑星
㋐火星　㋑水星　㋒地球
㋓木星　㋔海王星
④地球型惑星　⑤木星型惑星
⑥公転　⑦衛星　⑧小惑星
⑨すい星　⑩恒星　⑪太陽
㋕コロナ　㋖黒点
⑫黒点　⑬コロナ　⑭銀河

p.48～p.49　予想問題

1 (1)太陽系　(2)惑星
(3)A…水星　B…金星　C…地球
D…火星　E…木星　F…土星
G…天王星　H…海王星
(4)A～D…地球型惑星
E～H…木星型惑星
(5)木星型惑星　(6)地球型惑星
(7)すい星　(8)小惑星

2 ①×　②○　③×　④○

3 (1)㋑　(2)黒点
(3)周囲よりも温度が低いから。
(4)太陽が自転をしているから。
(5)球形

4 (1)A…プロミネンス（紅炎）
B…コロナ
(2)水素　(3)恒星

5 (1)天の川銀河（銀河系）
(2)星雲　(3)銀河

解説

1 (1)～(3)太陽系には８つの惑星があり，太陽に近いものから水星，金星，地球，火星，木星，土星，天王星，海王星という。
(4)～(6) **ポイント** 太陽に近い水星，金星，地球，火星の４つの惑星をまとめて地球型惑星という。地球型惑星は，表面や内部がかたい岩石や金属でできていると考えられている。そのため，赤道半径や質量は小さいが，平均密度が大きい。木星，土星，天王星，海王星の４つの惑星をまとめて木星型惑星という。木星型惑星は，水素やヘリウムからできている部分が多い。そのため，赤道半径や質量は大きいが，平均密度が小さい。
(7)すい星は，主に氷でできていて，太陽のまわりを細長いだ円形の軌道で公転している。太陽に近づくと尾を伸ばすことがある。

2 ①衛星とは，惑星などのまわりを公転している天体のことである。地球型惑星には衛星は少ないが，木星型惑星にはたくさんの衛星がある。
③地球の北極側から見たとき，地球の公転の向きと月の公転の向きは同じである。

3 (1)太陽は東から西に動いていくので，像のずれ動く方向が西である。
(4)太陽は自転しているため，黒点の位置は少しずつ移動する。

4 (1)炎のような形の濃いガス（A）をプロミネンス（紅炎）といい，太陽を取りまく高温のガスの層（B）をコロナという。
(2)太陽は気体のかたまりで，その約92％が水素，約８％がヘリウムである。

5 天の川銀河（銀河系）には，約2000億個の恒星が集まっている。太陽系も銀河系に属し，恒星の集団や星雲（ちりやガスの集まり）もふくまれている。

第２章　太陽や星の見かけの動き(1)

p.50～p.51　ココが要点

①地軸
㋐地軸
②方位　③天球　④日周運動
㋑南中高度
⑤南中
⑥南中高度　⑦夏至　⑧冬至
㋒夏至　㋓冬至　㋔春分　㋕夏至

p.52～p.53　予想問題

1 (1)天球　(2)方位
(3)㋐　(4)地軸

2 (1)O　(2)O　(3)A
(4)日周運動　(5)南中
(6)南中高度

(7)D　(8)イ

3 (1)夏至　(2)春分と秋分　(3)夏至
(4)夏は地面が１日に受ける太陽からのエネルギーが多くなるから。

4 (1)K　(2)㊤　(3)イ
(4)地球が地軸を公転面に垂直な方向から傾けたまま公転しているから。

解説

1 観測者から見て，北極側の方向が北である。

2 (1)(2) ポイント ペンの先端の影が，点Oにくる位置に印をつける。そうすることで，太陽とペン先と点Oが一直線になり，点Oから見える太陽の方向に印をつけたことになる。透明半球の中心である点Oは，観測者の位置を表している。
(3)太陽は，東から昇り，南の空を通って西に沈むため，Aが北，Bが西，Cが南，Dが東であることがわかる。
(5)(6)高度は，天体の方位での，地平線からの角度で表す。太陽が真南にきたとき，太陽は南中したといい,このときの高度を南中高度という。
(8)太陽が１時間ごとに動く距離は一定である。16時の点から点Bまでの長さは，14時の点から16時の点までの長さとほとんど同じであることから，日の入りの時刻は16時の約２時間後であると考えられる。

3 (1)図１から，南中高度が最も高くなるのは夏至であり，最も低くなるのは冬至である。
(2)図１から，春分と秋分の南中高度は同じである。
(3)図２で，日の出の時刻から日の入りの時刻までが最も長いのは夏至である。
(4)南中高度が高く，昼の長さが長い夏は，地面が１日に太陽から受けるエネルギーが最も多くなる。

4 (1)春分の日には，太陽は真東から昇って真西に沈むので，日の出の位置はKとなる。日の入りの位置はGである。
(2)㋐は日の出や日の入りの位置が北寄りで昼の長さが長く，太陽の南中高度が高いので，夏至の日の太陽の動きである。図２で，北極が太陽の方向に傾いている㊤が夏至の日の地球の位置である。北極が太陽と反対の方向に傾いている㋕が冬至の日の地球の位置で，地球の公転の向きから，㋒は春分，㋔は秋分の日の地球の位置であるとわかる。
(4)地球は公転面に垂直な方向から地軸を約23.4°傾けたまま公転している。そのため，夏には太陽の南中高度が高く，昼の長さが長くなり，地面が１日に受ける太陽のエネルギーが多くなる。反対に，冬は太陽の南中高度が低く，昼の長さも短くなるので，１日に受ける太陽のエネルギーが少なくなる。この結果，季節の変化が生じる。

第２章　太陽や星の見かけの動き(2)
第３章　天体の満ち欠け

p.54～p.55　ココが要点

①北極星
㋐東　㋑南　㋒西　㊤北
②15°　③年周運動　④黄道
⑤満ち欠け　⑥日食　⑦月食
⑧よいの明星　⑨明けの明星

p.56～p.57　予想問題

1 (1)天の北極　(2)北極星　(3)b
(4)２時間　(5)エ

2 (1)東…㊤　西…㋐　南…㋑　北…㋒
(2)イ　(3)西から東

3 (1)東から西　(2)年周運動
(3)地球が太陽のまわりを公転しているから。
(4)30°

4 (1)黄道　(2)西から東　(3)㋐
(4)夏　(5)㋑　(6)㋐　(7)春　(8)A

解説

1 (1)～(3)カシオペヤ座は北の空に見られる。北の空の星は，北極星付近（天の北極）を中心として，反時計回りに回転して見える。
(4)(5)星は１日（24時間）で１回転して見えるので，１時間では，
360〔°〕÷24〔時間〕= 15〔°〕　より，15°回転して見える。よって，30°回転するのにかかる時間は，約２時間である。

2 東の空の星は，南に向かって上がっていくように，右上がりに動いて見える（㊤）。南の空の星は，東から西へ，右向きに動いて見える

(㋑)。西の空の星は，南の高いところから沈んでいくように，右下がりに動いて見える（㋐）。北の空の星は，天の北極を中心に，同心円状に，反時計回りに動いて見える（㋒）。

3 (1)(2)毎日同じ時刻に観測すると，星座の位置は少しずつ西へずれていく。そして，1年後にもとの位置にもどる。このような星の動きを，星の年周運動という。

(3)地球が太陽のまわりを1年に1回公転することにより，天体は1年かけて天球上を1回転するように見える。

(4)1年（12か月）で約360°動くので，1か月では約30°動いて見える。

4 (1)(2)太陽は星座の間を，西から東へ1年かけて1周するように見える。この天球上の太陽の見かけの通り道を黄道という。太陽の動きは，地球が太陽のまわりを1年に1回公転していることによる見かけの動きである。

(3)(4)図のAの位置に地球があるとき，太陽がおうし座の方向に見え，真夜中にはさそり座が南の空に見られることから，夏であることがわかる。

(5) 参考 地球から見て太陽と同じ方向にある星座は，見ることができない。

(6)真夜中に南の空に見える星座は，地球から見て，太陽と反対の位置にある星座である。

(8)さそり座が真夜中の南の空に見えるのは，地球から見て太陽と反対側にさそり座があるときである。

p.58～p.59 予想問題

1 (1)㋒　(2)満ち欠け　(3)1か月

(4)地球から見た太陽と月の位置関係が変わり，太陽の光の当たり方が変化するため。

(5)㋐A　㋑G　㋒F　(6)C　(7)オ

(8)㋔　(9)A　(10)エ　(11)E　(12)ア

2 (1)b　(2)E　(3)㋑　(4)東

(5)西　(6)A，B，C，D　(7)A

(8)㋑

(9)金星が地球よりも内側で太陽のまわりを公転しているから。

(10)エ

(11)火星が地球よりも外側の軌道を公転しているから。

解説

1 (1)～(3) ポイント 夕方に見られる月の位置は，日がたつにつれて西から東へ移り変わる。また，形は三日月（㋒）から上弦の月（㋑），満月（㋐）と変わっていく。このように，約1か月の周期で月は満ち欠けして見える。

(5)満月（A）は，日がたつにつれて月の右側から少しずつ欠けていき，下弦の月（C）になり，やがて新月（E）になる。その後，右側から少しずつかがやいて見える部分がふえていき，三日月（F），上弦の月（G）になり，やがて満月にもどる。

(9)(10) 参考 月食は，太陽，地球，月がこの順で一直線にならぶことにより，月が地球の影に入って起こる現象である。このときの月は満月であるが，満月のときに必ず月食が起こるわけではない。

(11)(12) 参考 日食は，太陽，月，地球がこの順で一直線にならぶことにより，太陽が月にかくされて起こる現象である。このときの月は新月であるが，新月のときに必ず日食が起こるわけではない。

2 (1)地球の自転の向き，地球の公転の向き，金星の公転の向きは，すべて同じで，地球の北極側から見て反時計回りである。

(2)金星が太陽の方向にあるとき，地球からは見えない。

(3)～(6)金星がA～Dの位置にあるとき，地球からは右側がかがやいて見える。これらの位置にある金星は，夕方，西の空に見られることからよいの明星とよばれる。金星がF～Hの位置にあるとき，地球からは左側がかがやいて見える。これらの位置にある金星は，明け方，東の空に見られることから，明けの明星とよばれる。

(7)金星の形は，地球からの距離が長くなるほど丸く小さく見える。反対に，地球からの距離が短くなるほど，大きく三日月のような形に見える。

(8) ポイント ㋐は金星の形から，明けの明星であり，地球に近い位置（F）にあることがわかる。公転によって金星は地球から遠ざかっていくので，金星は小さく丸い形に変わっていく。㋒～㋔は，右側がかがやいているのでよいの明星である。

(9) 参考 金星は地球よりも内側で太陽のまわりを公転しているため，地球から見て太陽と反対の方向に位置することはない。そのため，真夜中に見ることはできない。

(11)火星は地球よりも外側の軌道を公転しているため，大きさや形，明るさは変化して見えるが，三日月の形にはならない。また，地球から見て太陽と反対の方向に位置したときには，真夜中に見られる。

3－5 自然・科学技術と人間

自然・科学技術と人間

p.60～p.61 ココが要点

①外来種 ②在来種 ③地球温暖化
④温室効果ガス ⑤オゾン層
⑥火力発電 ⑦水力発電
⑧原子力発電 ⑨再生可能エネルギー
⑩シーベルト ⑪ポリエチレン
⑫ポリスチレン ⑬人工知能
⑭持続可能な社会 ⑮排煙脱硫装置

p.62～p.63 予想問題

1 (1)外来種 (2)イ，エ
(3)赤潮

2 (1)地球温暖化 (2)化石燃料
(3)温室効果

3 (1)フロン (2)ウ

4 (1)原子力発電 (2)水力発電
(3)火力発電 (4)再生可能エネルギー
(5)イ

5 (1)エ (2)ポリエチレンテレフタラート
(3)ポリ塩化ビニル (4)ポリスチレン

6 (1)インターネット (2)人工知能（AI）

7 (1)持続可能な社会 (2)排煙脱硫装置
(3)台風

解説

1 (1)外来種に対し，もともとその地域に生息していた生物を在来種という。

(2) ミス注意！ ア，イ…外来種は，在来種を食べたり，在来種から生活場所や食物を奪ったりすることがある。
ウ，エ…外国から日本に入って定着した外来種（シロツメクサ，オオクチバス，ミシシッピアカミミガメなど）も，日本から外国へ入って定着した外来種（ワカメやコイなど）もある。

2 (1)(2) 参考 化石燃料の大量消費や世界的な規模での森林の減少などによる二酸化炭素の濃度の増加は，地球温暖化の原因の1つとして考えられている。

(3)二酸化炭素には，宇宙空間に放出される熱の流れをさまたげ，大気や地表を暖める温室効果がある。温室効果をもつ二酸化炭素，メタン，水蒸気などの気体を温室効果ガスという。

3 (1)地球にふりそそぐ紫外線を吸収し，弱めているのはオゾン層である。オゾン層は紫外線から地表の生物を保護する役割を果たしている。現在では，オゾン層を破壊するフロンの生産全廃や回収が進められている。

(2)人間は自然放射線を受けながら日常生活を送っている。

4 (4)発電のために大量に消費されている，石油・石炭・天然ガス・ウランなどの資源は，使い続ければなくなってしまう。

(5)石炭は化石燃料で，火力発電で消費される。

5 プラスチックにはいろいろな種類がある。種類によって，じょうぶさや熱・薬品に対する強さなどが異なるので，利用目的に応じて使い分けている。

(3) 参考 水への浮き沈みはプラスチックの分別に利用されている。

7 (2)排煙脱硫装置は，工場から出る排煙から酸性雨の原因となる硫黄酸化物を取り除くものであり，環境保全の取り組みの一つである。

(3)日本の南の海上で発生した熱帯低気圧が発達し，最大風速が17.2m/sをこえたものを台風という。発達した積乱雲が集まっていて，日本に接近したり上陸したりして，強風と豪雨による災害をもたらすことがある。

巻末特集 p.64

① (1)1.5J　(2)3 N
(3)0.15W　(4)2倍

解説 (1)500gの物体が受ける重力の大きさは5 Nであり，定滑車を使うので，

$5〔N〕\times 0.3〔m〕= 1.5〔J〕$

(2)仕事の原理から，図1と図2での仕事は1.5J。手が糸を引いた力をx〔N〕とすると，

$x〔N〕\times 0.5〔m〕= 1.5〔J〕$

$x〔N〕= \dfrac{1.5〔J〕}{0.5〔m〕} = 3〔N〕$

(3)斜面上の物体Aを50cm引き上げるのに10秒かかるので，

$\dfrac{1.5〔J〕}{10〔s〕} = 0.15〔W〕$

(4)図1のときの仕事率は，

$\dfrac{1.5〔J〕}{5〔s〕} = 0.3〔W〕$

$\dfrac{0.3〔W〕}{0.15〔W〕} = 2〔倍〕$

② (1)1：2：1　(2)400個
(3)450個
(4)丸粒の親の遺伝子の組み合わせがRRのときは，しわ粒の子は生じないから。

解説 (2)RR：Rr：rr＝1：2：1
＝200：400：200

(3)(RR＋Rr)：rr＝3：1なので，
3：1＝450：150

(4)丸粒の親の遺伝子の組み合わせはRRかRrである。しわ粒の親rrとかけ合わせると，

	R	R
r	Rr	Rr
r	Rr	Rr

子はすべて丸粒

	R	r
r	Rr	rr
r	Rr	rr

丸粒：しわ粒＝1：1

中間・期末の攻略本

テストに出る！

5分間攻略ブック

学校図書版

理科
3年

重要用語をサクッと確認

よく出る図を
まとめておさえる

テスト前に最後のチェック！
休み時間にも使えるよ♪

「5分間攻略ブック」は取りはずして使用できます。

3－1　運動とエネルギー

教科書 p.12~p.75

第1章　力のつり合い

p.14~p.31

□ 水の重さによる圧力を【水圧】という。

□ 水中にある物体が受ける上向きの力を【浮力】という。

□ 1つの物体が2力を受けているとき，同じはたらきをする1つの力におきかえることを【力の合成】といい，おきかえた力を【合力】という。

□ 1つの力からそれと同じはたらきをする2力に分けることを【力の分解】といい，分けた2力をもとの力の【分力】という。

□ 1つの物体がほかの物体に力を加えた場合，必ず同じ大きさで，一直線上にある【反対】向きの力を受ける。これを【作用・反作用】の法則という。

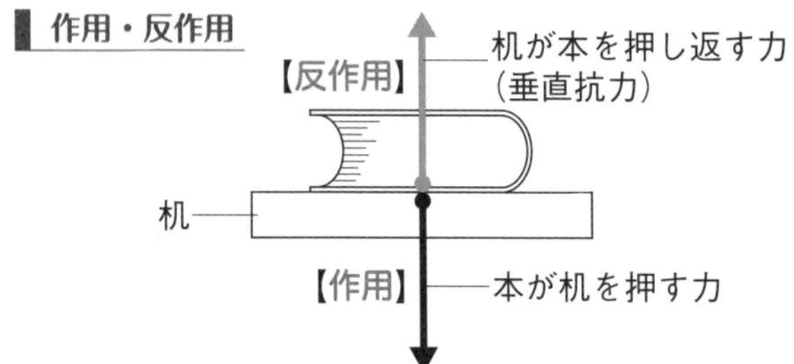

第2章　力と運動

p.32~p.47

□ ある区間を一定の速さで移動し続けたと考えて求めた速さを【平均の速さ】，ごく短い時間に移動した距離をもとに求めた速さを【瞬間の速さ】という。

$$速さ〔cm/s〕=\frac{移動距離〔cm〕}{移動にかかった時間〔s〕}$$

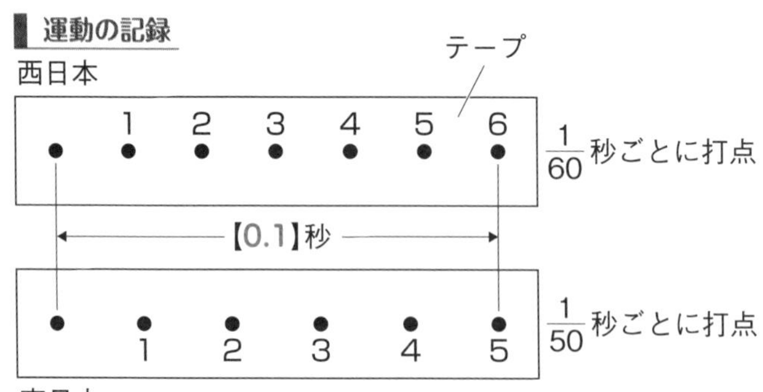

□ 速さの単位は，【センチメートル毎秒】(記号 cm/s)，【メートル毎秒】(記号 m/s)，

【キロメートル毎時】（記号 km/h）などが使われる。

□ 運動と同じ向きに一定の大きさの力を受け続けるとき，物体の速さは一定の割合で【増加】する。

斜面を下るとき

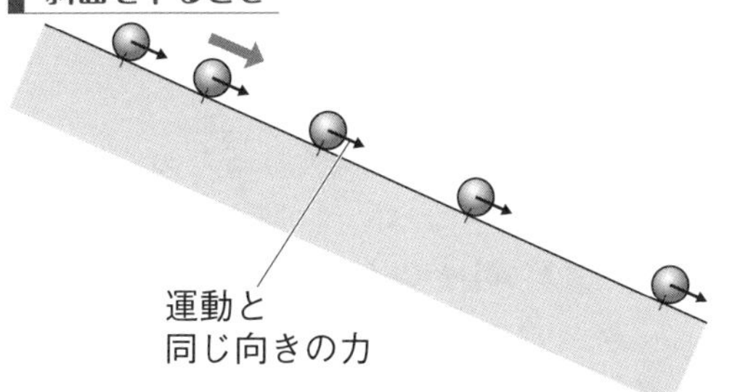

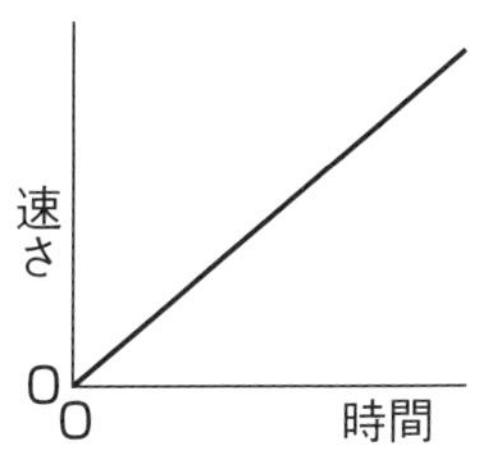

□ 物体が運動の向きに受ける力が大きくなると，速さの増し方が【大きく】なる。

□ 物体が重力によって真下に落下する運動を【自由落下】という。

□ 運動と反対向きに一定の大きさの力を受け続けるとき，物体の速さは一定の割合で【減少】する。

斜面を上るとき

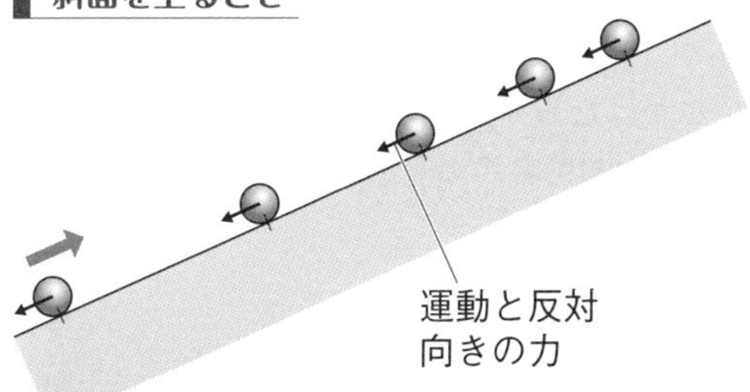

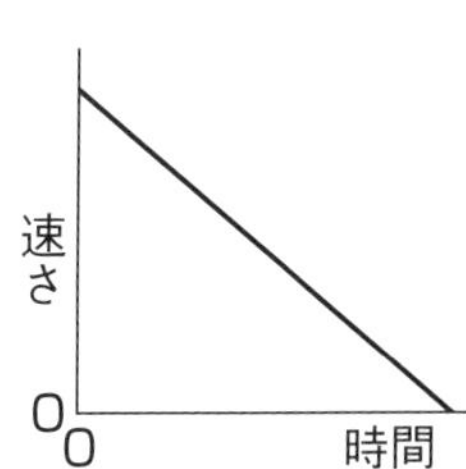

□ 摩擦のない水平面上で力を受けずに運動する物体は，一定の速さで一直線上を進む。この運動を【等速直線運動】という。

力を受けない運動

□ 物体が力を受けていない場合や受けている力の合力が0の場合，運動している物体は等速直線運動を続け，静止している物体は静止し続ける。これを【慣性】の法則といい，物体がもつこのような性質を【慣性】という。

第3章　仕事とエネルギー　p.48~p.71

□ 物体に力を加えて力の向きに動かしたとき，加えた力の大きさと力の向きに動かした距離の積を【仕事】という。単位には【ジュール】（記号 J）を使う。
仕事〔J〕＝力の大きさ〔N〕×【力】の向きに動かした距離〔m〕

注目 力を加えても移動しない場合，仕事の大きさは0。

□ 道具を使うと加える力は小さくなるが，動かす距離が長くなるため，仕事の大きさは変わらない。これを【仕事の原理】という。

□ 一定時間当たりにする仕事の大きさを【仕事率】という。単位には【ワット】（記号 W）を使う。

$$仕事率〔W〕=\frac{仕事〔J〕}{かかった【時間】〔s〕}$$

□ 仕事ができる状態にある物体は,【エネルギー】をもっているという。エネルギーの単位には【ジュール】（記号 J）を使う。

□ 高いところにある物体がもつエネルギーを【位置エネルギー】，運動している物体がもつエネルギーを【運動エネルギー】といい，これらの和を【力学的エネルギー】という。

□ 振り子の運動のように，摩擦力などがはたらかないとき，物体のもつ力学的エネルギーが一定に保たれることを【力学的エネルギーの保存】という。

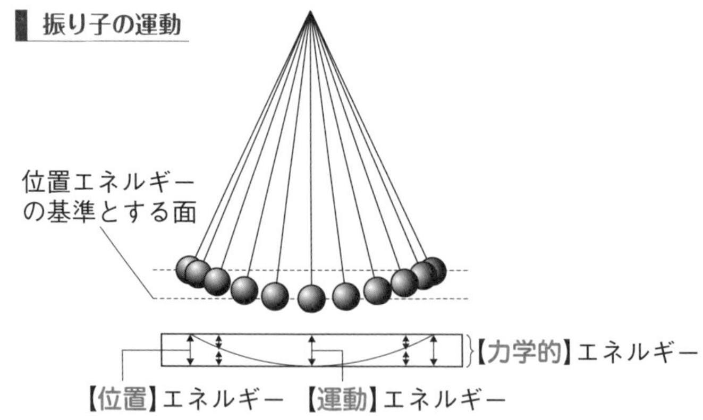

□ いろいろな種類のエネルギーがたがいに移り変わっても，エネルギーの総量が一定に保たれることを【エネルギーの保存】という。

□ 物体(物質)の中を熱が伝わる現象を【伝導（熱伝導)】といい，液体や気体が移動して全体に熱が運ばれる現象を【対流（熱対流)】という。また，高温になった物体が出す赤外線などが空間を伝わり，熱が移動する現象を【放射（熱放射)】という。

3－2　生物どうしのつながり

教科書 p.76~p.131

第１章　生物の成長・生殖　p.78~p.93

□ １つの細胞が分かれて２つの細胞になることを【細胞分裂】という。

□ 細胞分裂のとき，核のかわりに現れるひものようなものを【染色体】という。

□ からだをつくる細胞が分裂することを【体細胞分裂】という。

細胞の成長のしくみ

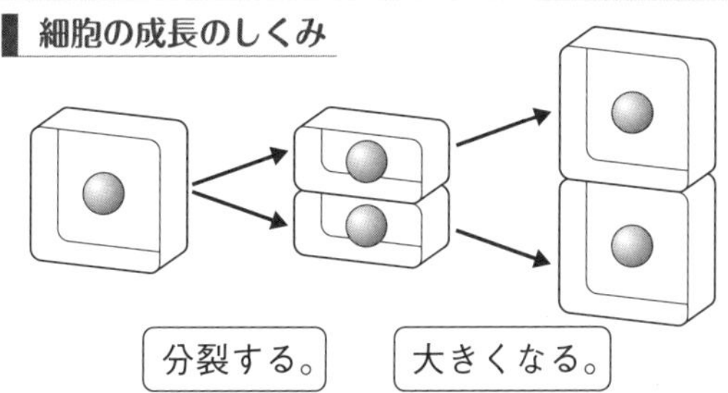

植物の体細胞分裂

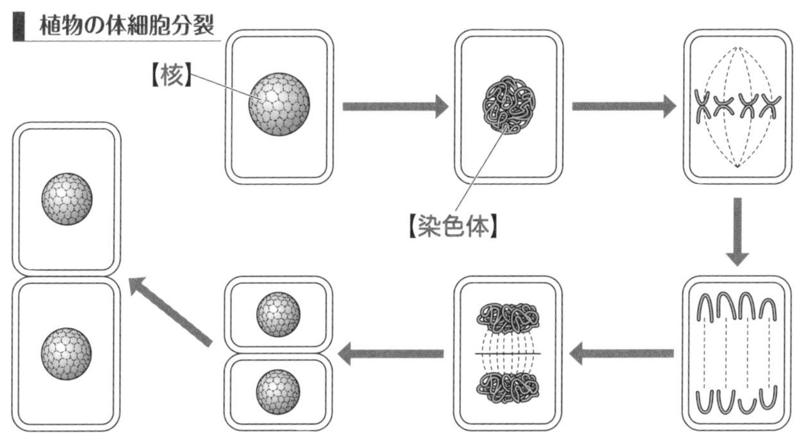

□ 生物が子をつくることを【生殖】といい，受精によらない生殖を【無性生殖】という。無性生殖は，体細胞分裂によって起こる。

無性生殖

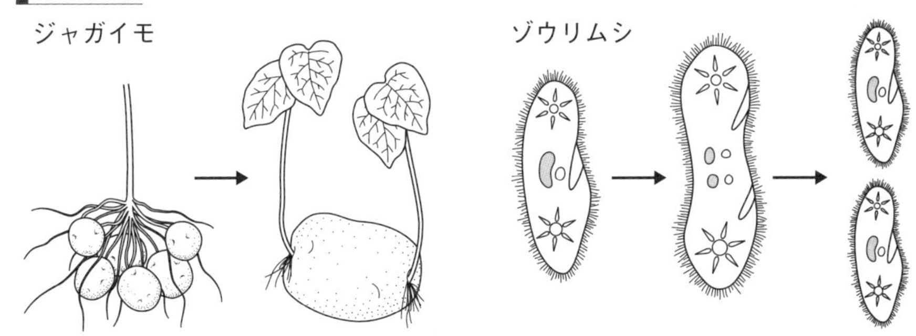

□ 動物の毛の色や植物の花の形など，個体のもつ形や性質を【形質】という。

☐ 多くの動物は生殖のための特別な細胞である【生殖細胞】をつくり, 雄は【精子】を, 雌は【卵】をつくる。

☐ 雄と雌のそれぞれの生殖細胞の核が合体することを【受精】といい, 受精した卵を【受精卵】という。受精による生殖を【有性生殖】という。

☐ 受精卵からからだがつくられていく過程を【発生】という。動物の受精卵が細胞分裂を始めてから, 自分で食物をとり始めるまでの間を【胚】という。

動物の有性生殖

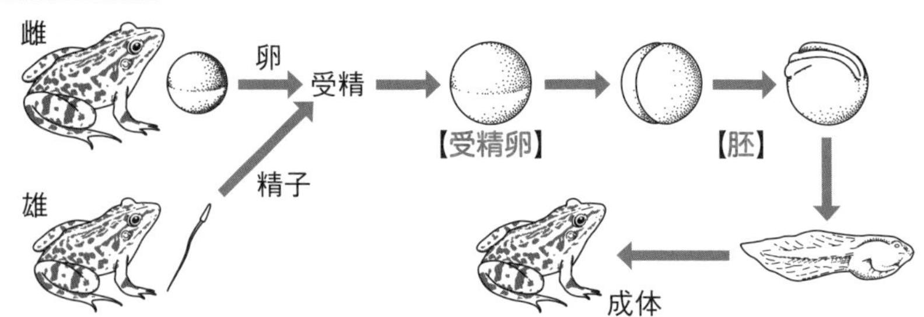

☐ 被子植物で, 受粉した花粉は, 胚珠に向かって【花粉管】を伸ばす。被子植物の生殖細胞を【精細胞】と【卵細胞】という。精細胞は花粉管の中を運ばれて, 胚珠の中の卵細胞と受精する。

被子植物の有性生殖

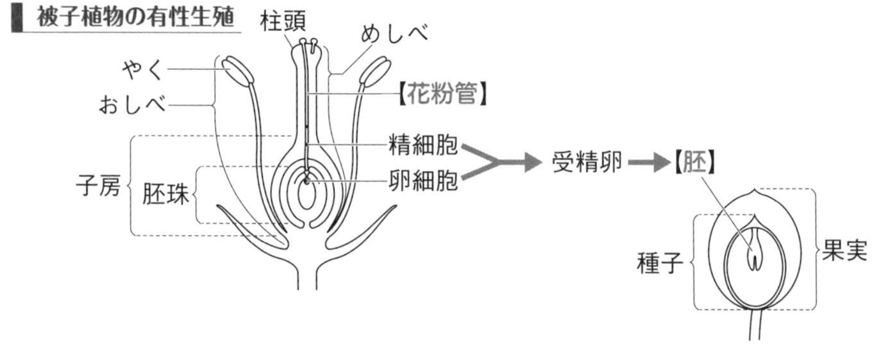

第2章　遺伝と進化

p.94~p.113

☐ 親の形質が子孫に現れることを【遺伝】といい, 染色体にある, 生物の形質を決める要素を【遺伝子】という。

☐ 生殖細胞ができるときの細胞分裂を【減数分裂】といい, 生殖細胞の染色体の数は親の細胞の半分である。

☐ エンドウの種子の丸粒としわ粒のように, どちらかの形質しか現れないような2つの形質どうしを【対立形質】という。

☐ 対立形質をもつ親どうしをかけ合わせて一方の形質だけが子に現れるとき, 子に現れる形質を【顕性】の形質，子に現れない形質を【潜性】の形質という。

□ 対になって存在する遺伝子が，減数分裂のときに分かれて別べつの生殖細胞に入ることを【分離】の法則という。

□ ある形質について同じ遺伝子の組み合わせをもつ生物を，その形質について【純系】という。

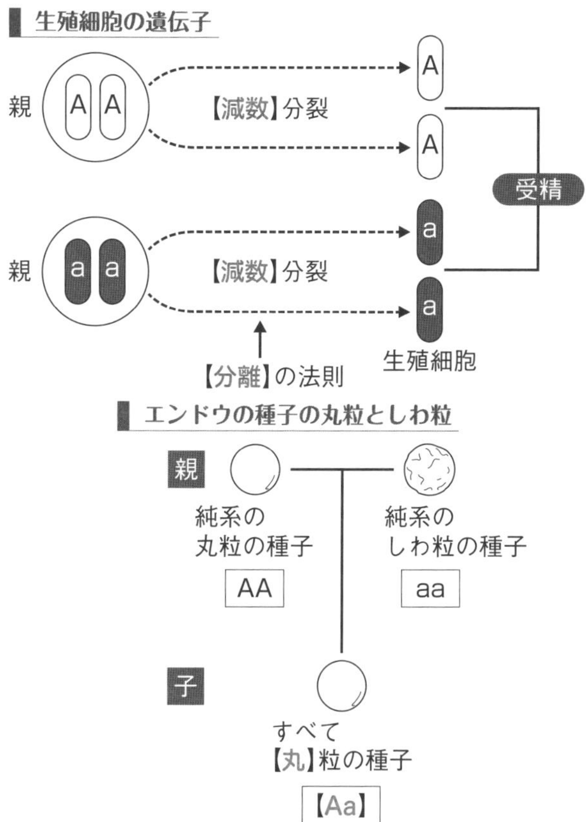

□ 遺伝子の本体は，染色体にふくまれる【DNA（デオキシリボ核酸）】という物質である。

□ DNA をある生物からほかの生物に人工的に移す技術を，【遺伝子組換え技術】という。

□ 生物が世代を重ねる間に，その形質が変化することを【進化】という。

□ 脊椎動物は，魚類から【両生類】が，両生類からは虫類や哺乳類が，は虫類からは【鳥類】が進化したと考えられている。

□ 現在の形やはたらきは異なるが，もとは同じであったと考えられる器官を【相同器官】という。

第3章　生態系

p.114~p.127

□ ある地域に生息するすべての生物と生物以外の環境の要素を１つのまとまりとしてとらえたものを【生態系】という。

□ 生物どうしの，食べる・食べられるという関係のつながりを【食物連鎖】という。自然界では多くの食物連鎖が複雑にからみ合って【食物網】をつくっている。

□ 生態系において，無機物から有機物をつくる生物を【生産者】，植物やほかの動物を食べることで有機物を取り入れる生物を【消費者】という。

注目　生産者を食べる動物を一次消費者，それを食べる動物を二次消費者という。

□ 生態系において，主に生物の死がいなどから養分を得ている微生物や土中の小動物などを【分解者】という。

□ 微生物には，カビやキノコなどの【菌】類，大腸菌やビフィズス菌などの【細菌】類がいる。これらの生物のはたらきにより，有機物が無機物に分解される。

□ 生態系において，炭素や酸素の一部は循環している。

炭素の循環

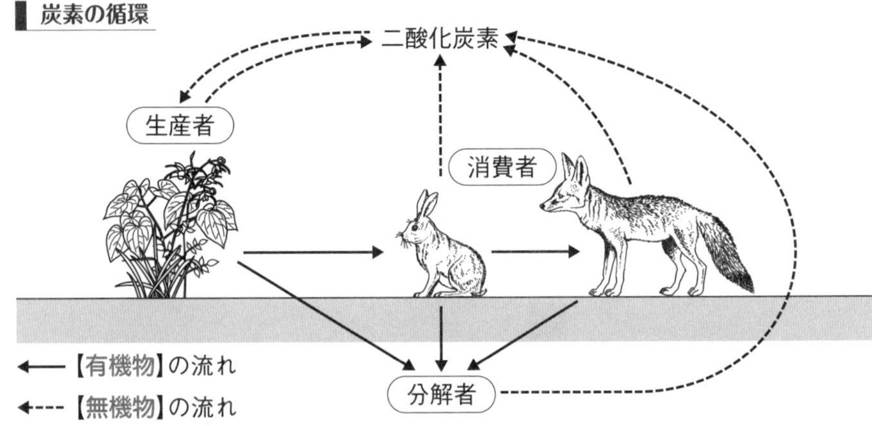

□ ある範囲内で生きている生物の生物量を食物連鎖の順に重ねると，全体の形は【ピラミッド】の形になる。

生物量のピラミッド

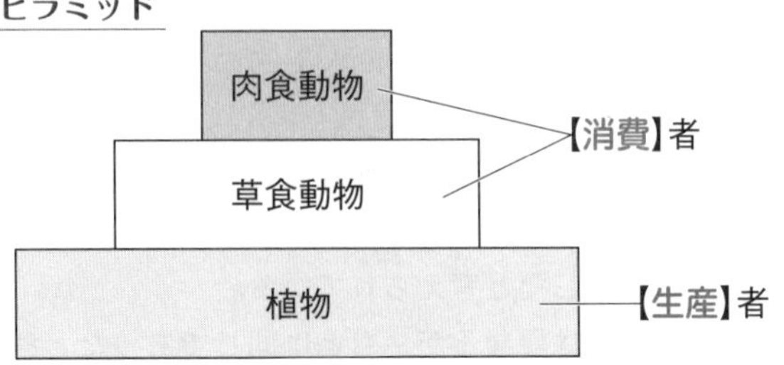

注目　ピラミッドの上の生物ほど生物量が小さい。

3－3　化学変化とイオン

教科書 p.132~p.185

第1章　水溶液とイオン

p.134~p.151

□ 水に溶けたときに電流が流れる物質を【電解質】，水に溶けても電流が流れない物質を【非電解質】という。

□ 原子の中心には＋の電気をもつ【陽子】と電気をもたない【中性子】からなる【原子核】があり，そのまわりに－の電気をもつ【電子】がある。

□ 原子が電子を放出して＋の電気を帯びたものを【陽】イオン，原子が電子を受け取って－の電気を帯びたものを【陰】イオンという。

イオンのでき方

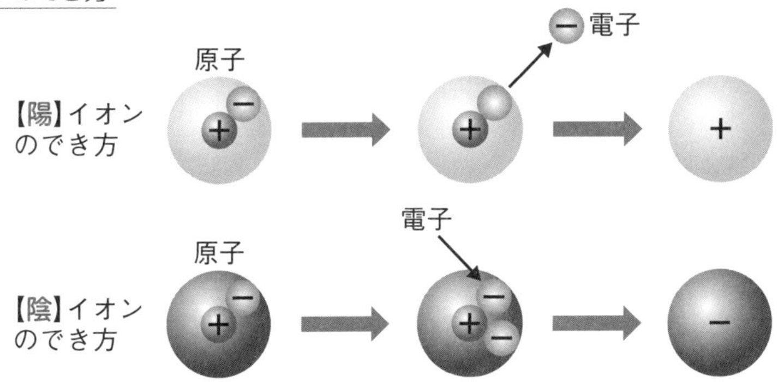

いろいろなイオンとイオンの化学式

陽イオン	化学式	陽イオン	化学式	陰イオン	化学式
水素イオン	【H^+】	銅イオン	Cu^{2+}	塩化物イオン	【Cl^-】
ナトリウムイオン	Na^+	亜鉛イオン	【Zn^{2+}】	水酸化物イオン	OH^-
鉄イオン	Fe^{2+}	カリウムイオン	K^+	硫酸イオン	【SO_4^{2-}】

□ 物質が水溶液中で陽イオンと陰イオンに分かれることを【電離】という。

塩化水素の電離

$HCl \rightarrow H^+ + Cl^-$

塩化水素　水素イオン　塩化物イオン

塩化ナトリウムの電離

$NaCl \rightarrow Na^+ + Cl^-$

塩化ナトリウム　ナトリウムイオン　塩化物イオン

塩化銅の電離

$CuCl_2 \rightarrow Cu^{2+} + 2Cl^-$

塩化銅　銅イオン　塩化物イオン

塩化水素の電離のようす

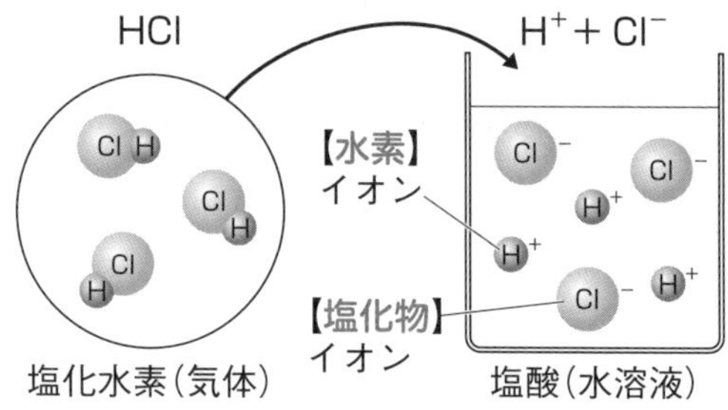

塩化銅水溶液の電気分解

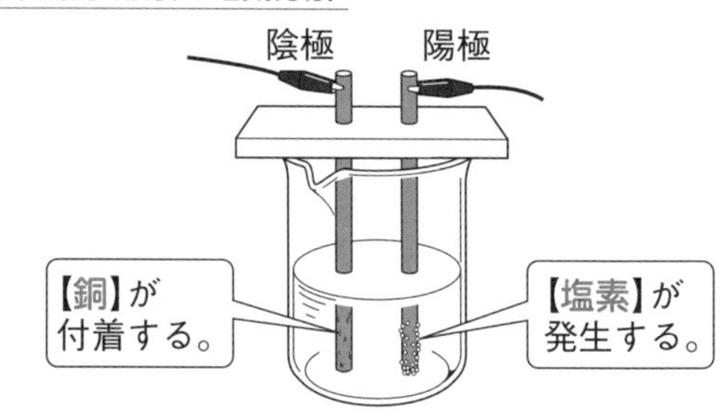

塩化銅水溶液の電気分解

$CuCl_2$ → Cu ＋ Cl_2

塩化銅 → 銅 ＋塩素

注目 塩素は特有の刺激臭があり，赤インクの色を消すはたらきがある。

塩酸の電気分解

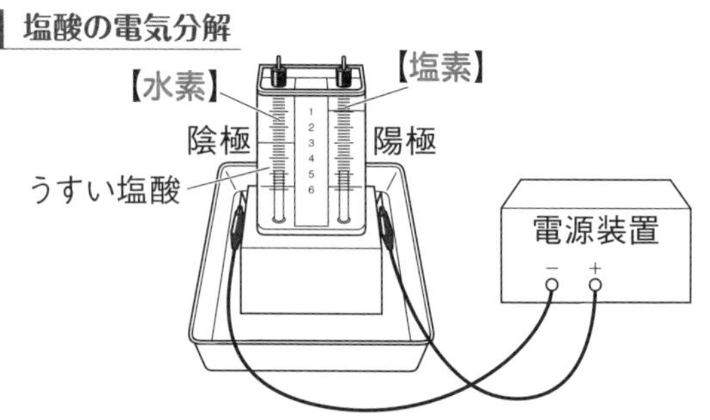

塩酸の電気分解

2HCl → H_2 ＋ Cl_2

塩化水素 → 水素 ＋ 塩素

注目 塩酸は塩化水素の水溶液である。

第2章　酸・アルカリとイオン　p.152~p.169

□ その水溶液が酸性を示す物質を【酸】という。酸性の水溶液は，青色リトマス紙を【赤】色に，緑色の BTB 溶液を【黄】色に変える。また，マグネシウムなどの金属を入れると水素が発生する。

□ その水溶液がアルカリ性を示す物質を【アルカリ】という。アルカリ性の水溶液は，赤色リトマス紙を【青】色に，緑色の BTB 溶液を【青】色に変える。また，フェノールフタレイン溶液を【赤】色に変える。

□ 酸性・アルカリ性の強さは【pH】という数値で表すことができる。水溶液が中性のとき，pH は【7】である。酸性のとき，pH は7より【小さく】なり，アルカリ性のとき，pH は7より【大きく】なる。

□ 酸は電離して【水素】イオンを生じる化合物である。

□ アルカリは電離して【水酸化物】イオンを生じる化合物である。

酸とアルカリ　酸 → H^+ ＋ 陰イオン

代表的な酸
塩化水素（塩酸）HCl
硫酸 H_2SO_4

アルカリ → 陽イオン ＋ OH^-

代表的なアルカリ
水酸化ナトリウム NaOH
水酸化カリウム KOH

□ 酸性の水溶液とアルカリ性の水溶液を混ぜ合わせると，酸の【水素】イオンとアルカリの【水酸化物】イオンが結びついて【水】ができ，たがいの性質を打ち消し合う。この化学変化を【中和】という。

□ アルカリの陽イオンと酸の陰イオンが結びついてできる化合物を【塩】という。塩には，水に溶けやすいものと，水に溶けにくいものがある。

塩酸と水酸化ナトリウム水溶液の中和

HCl	＋	NaOH	→	NaCl	＋	H_2O
塩化水素		水酸化ナトリウム		塩化ナトリウム		水

塩酸と水酸化ナトリウム水溶液の中和

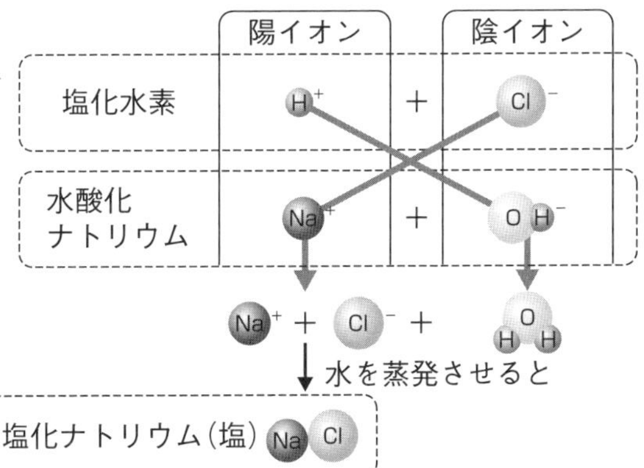

硫酸と水酸化バリウム水溶液の中和

H_2SO_4	＋	$Ba(OH)_2$	→	$BaSO_4$	＋	$2H_2O$
硫酸		水酸化バリウム		硫酸バリウム		水

第３章　電池とイオン　p.170~p.181

□ 金属は種類によってイオンのなりやすさに差があり，マグネシウム，鉄，銅では，

【**マグネシウム**】, 鉄, 【**銅**】の順にイオンになりやすい。

□ 化学変化によって, 電流を取り出す装置を【**化学電池**】という。

□ ダニエル電池の, −極(亜鉛)では亜鉛原子が電子を放出して【**亜鉛イオン**】になり, 水溶液中に溶け出す。電子は導線を通って銅の電極へ流れる。＋極(銅)では水溶液中の銅イオンが電子を受けとって【**銅原子**】になる。

ダニエル電池

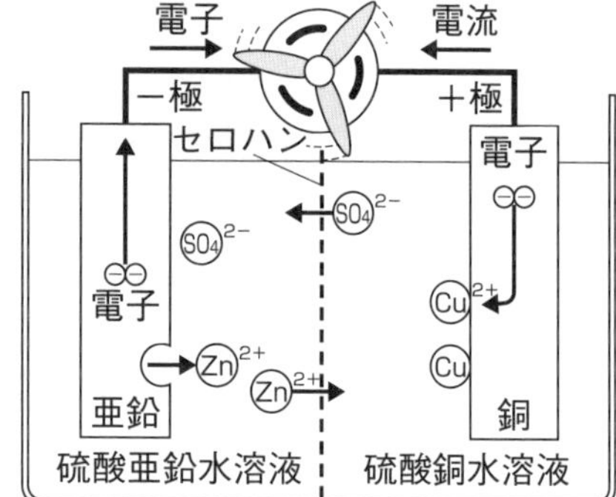

まる暗記 電子は−極から＋極に移動する。

□ 電池のうち, 使い切りの電池を【**一次電池**】, くり返し充電して使うことができる電池を【**二次電池**】という。

□ 水の電気分解とは逆の, 水素と酸素の化学変化を利用する電池を【**燃料電池**】という。

燃料電池

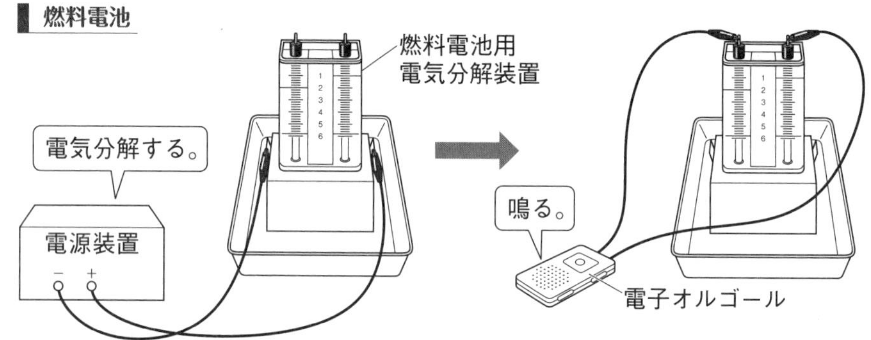

3−4　地球と宇宙

教科書 p.186~p.239

第1章　太陽系と宇宙の広がり　p.192~p.203

□ 太陽を中心とした天体の集まりを【**太陽系**】という。太陽系には太陽のまわりをまわる大きな8つの天体があり, これらを【**惑星**】という。

まる暗記 太陽系の惑星は, 太陽から近い順に, 水星, 金星, 地球, 火星, 木星, 土星, 天王星, 海王星

□ 天体がほかの天体のまわりをまわることを【**公転**】という。

□ 比較的小さくて平均密度が大きい水星 ,【**金星**】, 地球 , 火星をまとめて【**地球型**】惑星という。

□ 比較的大きくて平均密度が小さい【木星】，【土星】，天王星，海王星をまとめて【木星型】惑星という。

□ 月のように惑星などのまわりを公転する天体を【衛星】という。

□ 主に火星と木星の軌道の間で太陽のまわりを公転するたくさんの小さな天体を【小惑星】という。

□ 細長いだ円形の公転軌道をもち，太陽に近づくと尾を伸ばす天体を【すい星】という。

太陽系の惑星

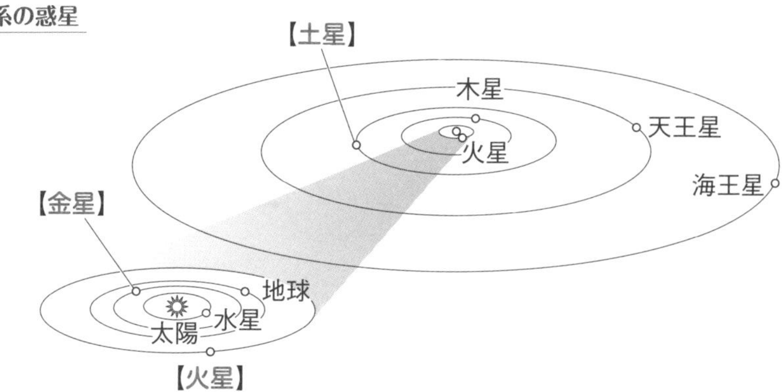

□ 太陽のように自ら光を出す天体を【恒星】という。

□ 太陽は水素とヘリウムをふくむ気体からできていて，【球】形で【自転】している。表面に見られる黒い斑点は周囲より温度が低く，【黒点】とよばれる。

注目 黒点が動いて見えるのは太陽が球形で自転しているためである。

太陽のようす

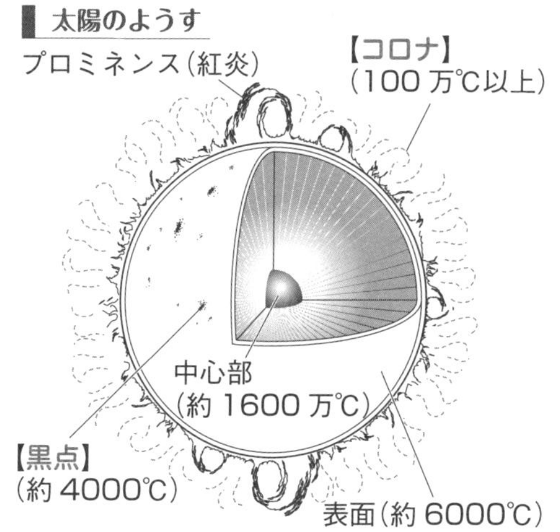

□ 恒星や星雲からできた集団の１つひとつを【銀河】という。

□ 太陽系をふくむ銀河を【天の川銀河（銀河系）】という。

第2章　太陽や星の見かけの動き　p.204~p.225

- □ 地球の北極と南極を結ぶ軸を【地軸】という。
- □ 天体の位置や動きを表すときに便利な，見かけの球面を【天球】という。
- □ 太陽の1日の動きを太陽の【日周運動】という。太陽などの天体が真南の方向にきたときを【南中】したといい，このときの高度を【南中高度】という。
- □ 太陽の日周運動は，地球が地軸を中心として，1日に1回【西】から【東】へ自転しているために起こる。
- □ 太陽の日周運動の道すじは季節によって変化する。地球は，地軸を公転面に垂直な方向から【23.4】°傾けたまま公転しているので，季節の変化が生じる。

地球の公転

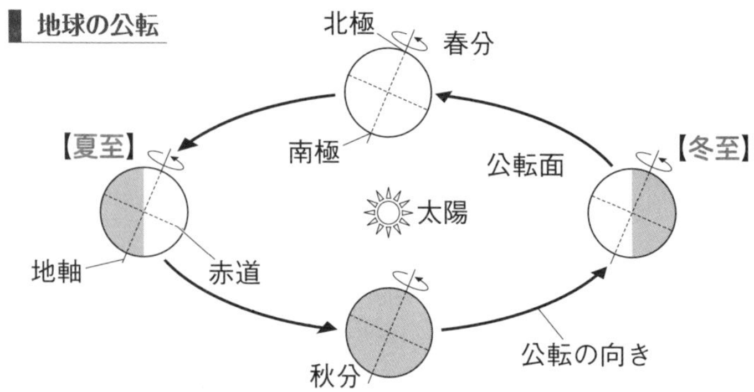

- □ 星の日周運動は，太陽の日周運動と同じように，地球が【自転】しているために起こる。

地球の自転と星の日周運動

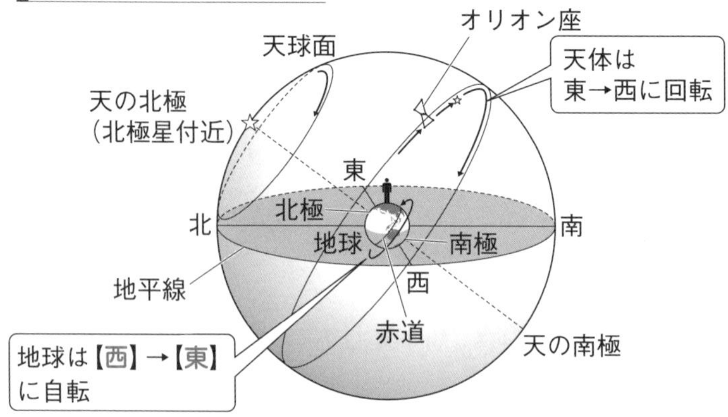

- □ 星の位置が1年を周期として少しずつ西へずれていく動きを，星の【年周運動】という。これは地球が太陽のまわりを【公転】しているために起こる。
- □ 天球上で，太陽が星座の間を動く見かけの通り道を【黄道】という。

第3章　天体の満ち欠け　p.226~p.235

□ 地球から見た太陽と月の【**位置関係**】が変わり，太陽の光の当たり方が変化するため，月は満ち欠けして見える。

月の公転と満ち欠け(北極側から見た図)

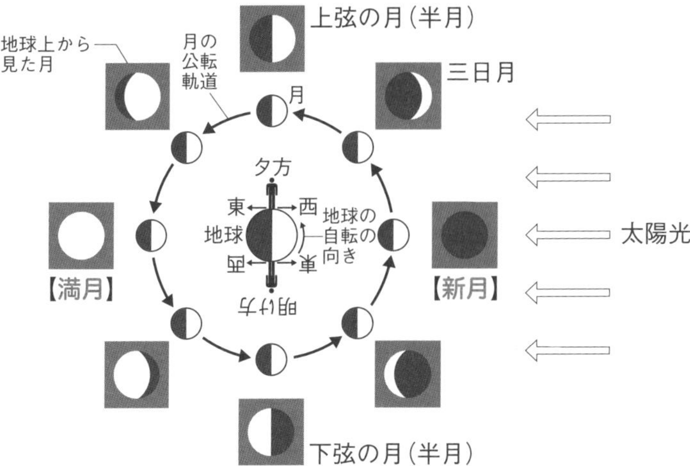

□ 太陽，月，地球の順にならび，月が太陽に重なって太陽がかくされる現象を【**日食**】という。

□ 太陽，地球，月の順にならび，月が地球の影に入る現象を【**月食**】という。

□ 金星は，夕方の【**西**】の空か，明け方の【**東**】の空に見られ，真夜中には見られない。

金星の見え方

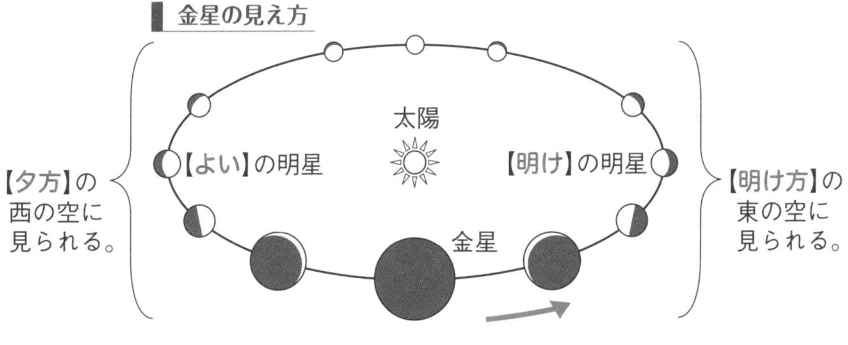

注目　金星が大きく見えるとき，三日月のような形に見える。

3－5　自然・科学技術と人間

教科書
p.240~p.263

自然・科学技術と人間

p.242~p.263

□ もともとその地域に生息せず，ほかの地域から持ちこまれて野生化した生物を【**外来種**】という。もともとその地域に生息していた生物を【**在来種**】という。

□ 地球の年平均気温が少しずつ上昇している現象を【**地球温暖化**】という。その原因の１つとして，大気中の【**二酸化炭素**】濃度の増加が考えられている。

□ 発電方法には，【**火力**】発電，原子力発電，水力発電，太陽光発電などがある。石油などの地下資源の量には限りがあるため，地熱，風力，バイオマスなどの【**再生可能**】エネルギーの利用が広がっている。

いろいろな発電方法

【火力】発電

【原子力】発電

【水力】発電

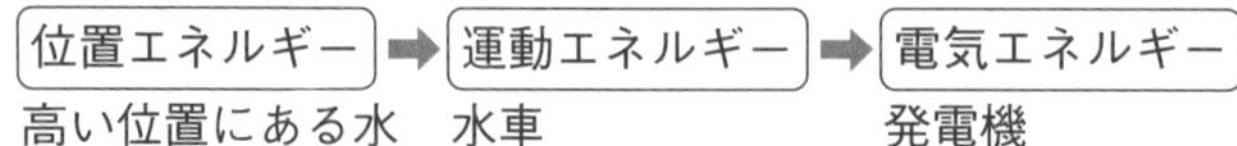

【太陽光】発電

光エネルギー ➡ 電気エネルギー
太陽　　　　　光電池

□ 放射線が人体にどれくらい影響があるかを表す単位を【**シーベルト**】（記号 Sv）という。

□ プラスチックには，PET と略される【**ポリエチレンテレフタラート**】や PE と略される【**ポリエチレン**】などがある。

□ 科学技術の発展により，カーボンナノチューブやセルロースナノファイバーといった新素材が生み出された。

□ 近年，人間をまねて学習や判断を行うコンピュータプログラムが発達してきており，いっぱんに【**人工知能**】（AI）とよばれる。

□ 限られた資源の中で，環境との調和を図り，地球の豊かな自然を引きついでいくために，【**持続可能**】な社会をつくることが求められている。